水煮的茶道茶艺

王子安◎主编

汕頭大學出版社

图书在版编目（CIP）数据

水煮的茶道·茶艺 / 王子安主编. -- 汕头 ： 汕头大学出版社，2012.5（2024.1重印）
ISBN 978-7-5658-0833-3

Ⅰ. ①水… Ⅱ. ①王… Ⅲ. ①茶－文化－介绍－中国 Ⅳ. ①TS971

中国版本图书馆CIP数据核字(2012)第098969号

水煮的茶道·茶艺　　SHUIZHU DE CHADAO·CHAYI

主　　编：王子安
责任编辑：胡开祥
责任技编：黄东生
封面设计：君阅天下
出版发行：汕头大学出版社
　　　　　广东省汕头市汕头大学内　邮编：515063
电　　话：0754-82904613
印　　刷：三河市嵩川印刷有限公司
开　　本：710 mm×1000 mm　1/16
印　　张：16
字　　数：65千字
版　　次：2012年5月第1版
印　　次：2024年1月第2次印刷
定　　价：69.00元
ISBN 978-7-5658-0833-3

目录

第一章 茶叶

第二章 茶具

第三章 茶 道

第四章 茶 艺

第一章

茶叶

茶，是中华民族的传统饮料之一。它发于神农，闻于鲁周公，兴于唐朝，盛在宋代，拥有悠久的历史。如今中国茶已成为风靡世界的三大无酒精饮料（茶叶、咖啡和可可）之一，爱好喝茶的人遍及全球。茶可以分为很多品种，每种茶都有自己独特的个性，在冲泡的时候要根据茶类的不同采用不同冲泡方法。自古以来，茶就有济世活人的神奇功效，如今人们的生活节奏越来越快，作息也越来越不规律，身体健康受到很大影响，因此茶的保健功能也越来越受到人们的关注。本章我们就将为大家介绍茶的起源、传播、分类、烹沏、保健功能及用途等方面的相关知识。

茶是中国人日常生活中不可缺少的一部分，俗话说开门七件事：柴、米、油、盐、酱、醋、茶。在中国，茶早已和“琴棋书画诗酒”并列，成为了文人雅士们的一种消遣方式。

“茶”字出于《尔雅•释木》：“槚，苦荼也。”因为中国人是最早发现茶的，也是最早识得茶性的。他们深知茶的最显著特征是它的苦味，所以为它起名“苦茶”。苦荼者，即茶之初名也，乳名也。在中国，基于人文、地理的不同，茶有两种发音方式，在北方发音为cha，在南方发音为tee；因此由中国北方输入茶的国家，如土耳其的发音是hay，俄国是chai，日本是cha；而由中国南方经海线输入茶的国家，如西班牙的发音是te，德国是tee，英国是tea。

中国自古就有神农发现

◆《神农尝百草》传说图

茶叶的传说，据成书于东汉的《神农本草经》记载："神农尝百草，日遇七十二毒，得茶而解之。"相传神农尝百草后感到不适，躺于树下，见到一种开白花的植物，便摘下嫩叶咀嚼，不适感竟然很快消失了。到殷周时，茶不仅已被用作药物，而且开始成为饮料，喝茶慢慢变成了一种习惯。陆羽的《茶经》中亦有"茶之为饮，发乎神农氏，闻于鲁周公"的记载。

一般认为，中国是茶的发祥地，因此中国又被誉为“茶的祖国”。后来茶叶从中国向东传到朝鲜、日本，向北传到蒙古、俄罗斯，又通过丝绸之路传到中亚、西亚和欧洲。世界各国最初所饮的茶叶，所引种的茶种，以及饮茶方法、栽培技术、加工工艺、茶事礼俗等等，都是由中国传入的。

◆茶圣陆羽

不过，虽然世界上大多

数学者都认为茶树的原产地是中国，但是以英军少校勃鲁士为代表的少部分人却认为茶树最早产自印度，并且为证明这个观点而搜集了大量所谓的“证据”。比如勃鲁士继1824年声称发现印度野生茶树后，又于1838年印发了一本小册子，列举了他在印度阿萨姆发现的多处野生茶树，其中他在沙地耶发现的一株野生茶树高达43英尺，胸围3英尺。据此，勃鲁士断定，印度才是茶树的原产地，而他所持的理由就是印度有野生茶树。1877年，英国人贝尔登又步了勃鲁士的后尘，在他写的《阿萨姆之茶叶》中提出茶树原产于印度

◆野生茶树

◆野生茶树

的观点。除了这两人以外，同样持上述观点的还有英国学者勒莱克、勃朗、易培逊、林德莱和日本的加藤繁等。他们的“野”，树高叶大，而中国种茶树材矮叶小。因此他们得出结论：印度种是茶树原种，印度是茶树的原产地。实际上，

◆野生茶树

论据是：印度有野生茶树，没有人提出过中国有野生茶树；印度阿萨姆种茶树长得他们根本不知道早在公元前200年左右中国的《尔雅》中就已经有关于野生大茶树的

记载了，他们也不知道中国不但有众多的大叶茶，也有“茶树王”。

后来学者经过多方考证，综合了各方面的资料，认为中国的西南地区，主要是云南、贵州和四川，是世界上最早发现、利用和栽培茶树的地方，同时也是世界上最早发现野生茶树和现存野生大茶树最多、最集中的地方，那里的野生大茶树表现出了最原始的特征特性。另外，茶树的分布、地质的变迁、气候的变化等方面的大量资料也都证实了我国是茶树原产地的结论。

茶的传播

饮茶在中国已有上千年的历史，中国人已经养成了根深蒂固的饮茶习惯。唐朝中叶，陆羽总结前人与当时的经验，并亲自到全国各地搜集有关茶的资料，整理编撰了全世界第一本有关茶的著作——《茶经》。此后，饮茶风气流行于中国大江南北，上自帝王公卿，下至贩夫走卒，莫不嗜茶。甚至是中国附近的各民族，例如高丽、日本、东南亚各国，也都受其影响而开始饮茶。17世纪初，荷兰东印度公司首次将中国的茶输入欧洲，到了17世纪中叶，在英国贵族社会中，“饮茶”已发展成为一种时尚风范。

茶在国内的传播

（1）先秦两汉时期

巴蜀地区是中国茶业的摇篮，清初学者顾炎武曾经在其《日知录•茶》中指出：“自秦人取蜀而后，始有茗

毛佩琦教授作序特别推荐
插图本
茶经·续茶经
品味千年尤盛的茶文化
自从陆羽生人间，人间相学事春茶。
●注释准确详尽，一扫古文晦涩，帮助读者理解全文。
●译文通俗流畅，疑难字注音，便于读者体味古代茶文化经典。
●精选古版画作为插图，插图清晰，图文对照，辅助原文阅读。
陆羽 陆廷灿 著
万卷出版公司

◆陆羽的《茶经》插图本

饮之事”，即他认为中国的饮茶习惯是秦统一巴蜀之后才慢慢传播开来的。也就是说，中国和世界的茶叶文化最初是在巴蜀发展起来的。

据文字记载和考证，巴蜀产茶至少可追溯到战国时期，此时巴蜀已形成一定规模的茶区，并以茶为贡品之一。西汉成帝时辞赋家王褒的《憧约》中记载了巴蜀茶业在我国早期茶业史上的突出地位，即“烹茶尽具”、“武阳买茶”两句。前一句反映的是成都一带在西汉时不仅饮茶成风，而且已经出现了专门饮茶的用具；后一句则意味着茶叶已经商品化，出现了如“武阳”一类的茶叶市场。

由此可见，西汉时的成都不但已经成为了我国茶叶的一个消费中心，而且很可能已经形成了最早的茶叶集散中心。无论是在秦之前，还是秦汉以至西晋，巴蜀都是我国茶叶生产的重要中心。

（2）三国西晋时期

秦统一中国后，随着巴蜀与各地经济文化交流日益频繁，茶业的范围也逐渐扩大，尤其是茶的加工、种植首先向东部南部传播。如湖南茶陵的命名，就很能说明问题。茶陵，是西汉时设的一个县，以其地出茶而得名。茶陵邻近江西、广东边界，表明西汉时期茶的生产已经传到了湘、粤、赣毗邻

地区。

三国时，孙吴占有了现在苏、皖、赣、鄂、湘、桂的一部分地区和粤、闽、浙全部陆地的东南半壁江山，这一地区也是当时我国茶业传播和发展的主要区域。此时，南方栽种茶树的规模和范围都有了很大的发展，而饮茶的风气也在北方侯门豪族中流行起来。

三国、西晋时期，随荆楚茶业和茶叶文化在全国范围内的传播，也借助于地理上的有利条件，长江中游和华中地区在中国茶文化传播上的地位已经逐渐取代了巴蜀。比如西晋时的《荆州土记》中记载了有关长江中游茶业的发展情况："武陵七县通出茶，最好"，说明此时荆汉地区茶业的发展已形成规模，巴蜀独冠全国的优势已不复存在，长江中游和华中地区代之而成为全国茶业中心。

（3）东晋南朝时期

西晋南渡之后，北方豪门过江侨居，建康（南京）成为我国南方的政治中心。这一时期，由于上层社会崇茶之风盛行，使得南方尤其是江东饮茶和茶叶文化得到了较快的发展，也进一步促进了我国茶业向东南推进的步伐。这一时期，我国东南种植茶业的区域由浙西进而扩展到现今温州、宁波沿海一线。不仅如此，如东汉末年的茶史资料《桐君录》中

还载曰："西阳、武昌、晋陵皆出好茗，巴东别有真香茗，煎饮令人不眠。"晋陵即常州，其茶出宜兴，表明东晋和南朝时，长江下游宜兴一带的茶叶产业也已发展起来。三国两晋之后，茶业重心东移的趋势变得更加

◆湖州紫笋

明显，长江下游和东南沿海的茶业都取得了突破性的发展。

（4）隋唐时期

到了隋唐时期，长江中下游地区已经发展成为中国茶叶生产和技术中心。其实，早在六朝以前，茶在南

方的生产和饮用已有一定的规模，但在北方喝茶的人还不多。唐人杨晔在其《膳夫经手录》中载曰："今关西、山东，闾阎村落皆吃之，不得一日无茶"，由此可见，中原和西北少数民族地区，都嗜茶成俗。此时南方茶叶的生产，随之蓬勃发展起来。尤其是与北方交通便利的江南、淮南茶区，茶的生产更是得到了飞速发展。

唐代中叶后，长江中下游茶区不仅茶产量大幅度提高，而且制茶技术也达到当时的最高水平。伴随这种高水准而来的，就是湖州紫

◆阳羡茶

笋和常州阳羡茶成为了贡茶，茶叶生产和技术的中心也正式转移到了长江中游和下游，江南茶叶生产，集一时之盛。据当时史料记载，安徽祁门周围千里之内，各地种茶，山无遗土，业于茶者七八。由于贡茶设置在江南，大大促进了江南制茶技术的提高，也带动了全国各茶区的生产和发展。

从《茶经》和唐代其他文献记载来看，这一时期茶叶产区已遍及今之四川、陕西、湖北、云南、广西、贵州、湖南、广东、福建、江

◆大唐茶贡院

西、浙江、江苏、安徽、河南等十四个省区，几乎已达到与我国近代茶区相当的局面。

◆龙凤团茶

（5）宋元明清时期

在这一时期，茶业重心由东向南移动。从五代和宋朝初年起，全国气候由暖转寒，致使中国南方南部茶业的发展比北部更为迅速，南方也逐渐取代了长江中下游茶区，成为宋朝茶业的重

心，主要表现为贡茶从顾渚紫笋改为福建建安茶。

宋朝茶业重心南移的主

◆龙凤团茶

为中国团茶、饼茶制作的主要技术中心，带动了闽南和岭南茶区的崛起和发展。由此可见，到了宋代，茶已传播到全国各地。宋朝的茶区，基本上已与现代茶区范围相符。

进入元朝后，由于蒙古统治者不喜欢饮茶，使得中国茶叶的历史发展进入了一个暂时的缓慢状态。明清以后，中国茶叶的茶树种植技术、种植范围、种植面积，以及中国成品茶的种类等方面均取得重大发展。尤其是进入晚清时期以后，中国茶叶与陶瓷、丝绸等商品成为当时中国的主要出口产品。但由于受到外国侵略者的剥削、压制，中国茶叶自晚清后出现了巨大的衰落。即使民国时代中国的茶叶工业化有所发展，但这一时期的中国茶业的控制权仍基本掌握在西洋人的手中。直至新中国成立后，随着国家政治经济诸方面的独立，中国茶业的种类、种植技术、产量与各种制茶技术得到重新发展，茶叶的发展进入了一个蓬勃欣荣的时期。

茶在国外的传播

我国茶叶生产及人们的饮茶之风不仅在全国范围内广泛传播，也对世界其他国家产生了巨大的影响。古代中国在沿海的一些港口专门设立了市舶司来管理海上贸易，其中就包括茶叶贸易，准许外商购买茶叶并运回自己的国家。唐顺宗永贞元年，日本的一个禅师从我国研究佛学回国后，把带回的茶种种在了近江（滋贺县）。公元815年，日本嵯峨天皇到滋贺县梵释寺，寺僧献上香气扑鼻的茶水。天皇饮后非常高兴，遂在日本全国大力推广饮茶，茶叶也在日本得到了大面积栽培。

南宋绍熙二年（1191年），日本荣西禅师来我国学习佛经，归国时不仅带回了茶籽播种，并根据我国寺院的饮茶方法，制订了一套自己的饮茶仪式。他晚年所著的《吃茶养生记》一书被称为日本第一部茶书，书中称茶是“圣药”、“万灵长寿剂”，对推动日本饮茶风尚的发展起到了重大作用。

到了宋元期间，陶瓷和茶叶成为我国的主要出口商品。明代，政府采取了积极的对外政策，曾七次派遣郑和下西洋，游遍东南亚、阿拉伯半岛，直达非洲东岸，加强了与这些地区的经济联系与贸易往来，使茶叶输出量大量增加。在此期间，西

欧各国的商人先后东来，从这些地区转运中国茶叶，并在本国上层社会推广饮茶，扩大了中国茶叶在世界范围内的影响。

明神宗万历三十五年（1607年），荷兰海船自爪哇来我国澳门贩茶转运欧洲，这是我国茶叶直接销往欧洲的最早纪录。从此以后，茶叶成为荷兰人最时髦的饮料。并且由于荷兰人的宣传与影响，饮茶之风迅速波及英、法等国。1631年，英国一个名叫威忒的船长专程率船队东行，从中国直接运去大量茶叶。

清朝时期，饮茶之风波及欧洲其他国家。当茶叶最初传到欧洲时，价格昂贵，荷兰人和英国人都将其视为“贡品”和奢侈品。后来，随着茶叶输入量的不断增加，价格逐渐降下来，成为民间的日常饮料。从此，英国人成了西方最大的茶客。

19世纪，我国茶叶的传播几乎遍及世界各地，1886年，茶叶出口量达268万担。西方各国语言中“茶”一词，大多源于当时海上贸易港口福建厦门及广东方言中“茶”的读音。可以说，中国给了世界各国有关茶的名字、茶的知识、茶的栽培、茶的加工等方面的知识与技术。总之，我国是茶叶的故乡，我国勤劳智慧的人民为人类创造了“茶叶”这一绿色、香美的饮料。

几种分类方法

中国茶叶的种类是世界上最丰富的，而且划分方法众多，目前尚未有统一的对茶叶进行分类方法。比如：

有的根据制造方法不同和品质上的差异，将茶叶分为绿茶、红茶、乌龙茶（即青茶）、白茶、黄茶和黑茶六大类。

有的根据我国出口茶的类别将茶叶分为绿茶、红

◆绿 茶

◆成品绿茶

茶、乌龙茶、白茶、花茶、紧压茶和速溶茶等几大类。

有的根据我国茶叶加工分为初、精制两个阶段的实际情况，将茶叶分为毛茶和成品茶两大部分，其中毛茶分绿茶、红茶、乌龙茶、白茶和黑茶五大类，将黄茶归入绿茶一类；成品茶包括精制加工的绿茶、红茶、乌龙茶、白茶和再加工而成的花茶、紧压茶和速溶茶等。

有的还从产地划分将茶叶称作川茶、浙茶、闽茶等等，这种分类方法一般仅是俗称。

有的根据茶的生长环境将茶叶分为平地茶，高山茶，丘陵茶。

另外还有一些“茶”其实并不是真正意义上的茶，但是一般的饮用方法上与一

◆平地茶

◆祁门红茶

般的茶一样，故而人们常常以茶来命名之，例如虫茶、鱼茶。有的这类茶已经没有多少人知道它不是茶了，例如绞股蓝茶。将上述几种常见的分类方法综合起来，中国茶叶则可分为基本茶类和再加工茶类两大部分。

中国六大茶类

绿 茶

绿茶，又称不发酵茶，指的是以茶树新梢为原料，经杀青、揉捻、干燥等典型工艺过程制成的茶叶。其干茶色泽和冲泡后的茶汤、叶底以绿色为主调，故名。绿茶是历史上最早的茶类，也是生产花茶的主要原料。古代人类采集野生茶树芽叶晒干收藏，公元8世纪到12世纪又发明了炒青制法，一直沿用至今。绿茶为我国产量

◆绿 茶

最大的茶类，其中以浙江、安徽、江西三省产量最高，是我国绿茶生产的主要基地。

绿茶较多地保留了鲜叶内的天然物质。其中茶多酚咖啡碱保留了鲜叶的85%以上，叶绿素保留了50%左右，维生素损失也较少，从而形成了绿茶“清汤绿叶，滋味收敛性强”的特点。绿茶中保留的天然物质成分在防衰老、防癌、抗癌、杀菌、消炎等方面都有特殊效果。在所有茶叶中，绿茶中的名品最多，不但香高味长，品质优异，而且造型独特，具有较高的艺术欣赏价值。绿茶按其干燥和杀青方法的不同，一般分为炒青、烘青、晒青和蒸青绿茶。

1. 炒青绿茶

由于绿茶在干燥过程中受到机械或手工操力的作用不同，成茶形成了长条形、圆珠形、扇平形、针形、螺形等不同的形状，故又分为长炒青、圆炒青、扁炒青等。长炒青精制后称眉茶，成品的花色有珍眉、贡熙、雨茶、针眉、秀眉等，各具不同的品质特征。

◆珍眉绿茶

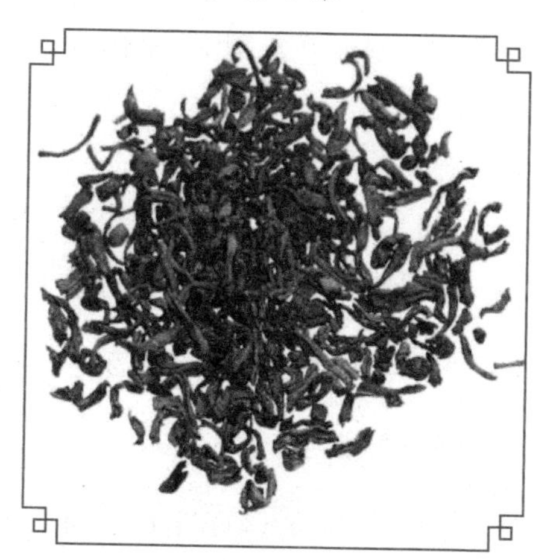

◆贡熙绿茶

（1）珍眉：条索细紧挺直或其形如仕女之秀眉，色泽绿润起霜，香气高鲜，滋味浓爽，汤色、叶底绿微黄明亮。

（2）贡熙：原是长炒青中的圆形茶，精制后称贡熙。其外形颗粒近似珠茶，圆叶底尚嫩匀。

（3）雨茶：原系由珠茶中分离出来的长形茶，现在雨茶大部分从眉茶中获取。其外形条索细短、尚紧，色泽绿匀，香气纯正，滋味尚浓，汤色黄绿，叶底尚嫩匀。

（4）圆炒青：其外形颗粒圆紧，因产地和采制方法不同，又分为平炒青、泉岗辉白和涌溪火青等。

（5）平炒青：产于浙江嵊州、新昌、上虞等县。历史上毛茶集中于绍兴平水镇精制和集散，其成品茶外形细圆紧结似珍珠，故称“平水珠茶”或平绿，而毛茶则称平炒青。

（6）扁炒青：因产地和制法不同，主要分为龙井、旗枪、大方三种。其中，“龙井”产于杭州市西湖区，又称西湖龙井。鲜叶采摘细嫩，要求芽叶均匀成朵，高级龙井做工特别精细，具有“色绿、香郁、味甘、形美”的品质特征。

◆西湖龙井

◆洞庭碧螺春

“旗枪”产于杭州龙井茶区四周及毗邻的余杭、富阳、萧山等县。“大方”产于安徽省歙县和浙江临安、淳安毗邻地区，以歙县老竹大方最为著名。

在炒青绿茶中，因其制茶方法不同，又有称为特种炒青绿茶。其茶品有洞庭碧螺春、南京雨花茶、金奖惠明、高桥银峰、韶山韶峰、安化松针、古丈毛尖、江华毛尖、大庸毛尖、信阳毛尖、桂平西山茶、庐山云雾等。

2. 烘青绿茶

这种绿茶是用烘笼进行烘干的。烘青毛茶经再加工精制后，大部分用作熏制花茶的茶坯，香气一般不及炒青高，不过也有少数烘青名茶品质特优。

烘青绿茶以其外形亦可分为条形茶、尖形茶、片形茶、针形茶等。条形烘青，全国主要产茶区都有生产；尖形、片形茶主要产于安徽、浙江。特种烘青主要有黄山毛峰、太平猴魁、六安瓜片、敬亭绿雪、天山绿茶、顾渚紫笋、江山绿牡丹、峨眉毛峰、金水翠峰、峡州碧峰、南糯白毫等。

3. 晒青绿茶

◆黄山毛峰

晒青绿茶是用日光进行晒干的，主要分布在湖南、湖北、广东、广西、四川等地，云南、贵州等省也有少量生产。晒青绿茶以云南大叶种的品质最好，称为“滇青”；其他，如川青、黔青、桂青、鄂青等各有千秋，但都不及滇青。

4. 蒸青绿茶

以蒸汽杀青是我国古代发明的杀青方法，唐朝时传至日本并相沿至今，而我国则自明代起即改为锅炒杀青。

蒸青是利用蒸汽量来破坏鲜叶中酶活性，形成“三绿”的品质特征，即干茶色泽深绿，茶汤浅绿和茶底青绿。不过这样制作的绿茶香气较闷，带青气，涩味也较重，不及锅炒杀青绿茶那样鲜爽。

5. 中国绿茶名品

在中国，绿茶的著名品种主要有：

西湖龙井、惠明茶、洞庭碧螺春、顾渚紫笋、午子仙毫、黄山毛峰、信阳毛尖、平水珠茶、宝洪茶、上饶白眉、径山茶、峨眉竹叶青、南安石亭绿、仰天雪绿、蒙顶茶、涌溪火青、仙

◆惠明茶

人掌茶、天山绿茶、永川秀芽、休宁松萝、恩施玉露、都匀毛尖、鸠坑毛尖、桂平西山茶、老竹大方、泉岗辉白、眉茶、安吉白片、南京雨花茶、敬亭绿雪、天尊贡芽、滩茶、双龙银针、太平猴魁、源茗茶、峡州碧峰、秦巴雾毫、开化龙须、庐山云雾、安化松针、日铸雪芽、紫阳毛尖、江山绿牡丹、六安瓜片、高桥银峰、云峰与蟠毫、汉水银梭、云南白毫、遵义毛峰、九华毛峰、五盖山米茶、井冈翠绿、韶峰、古劳茶、舒城兰花、州碧云、小布岩茶、华顶云雾、南山白毛芽、天柱剑毫、黄竹白毫、麻姑茶、车云山毛尖、桂林毛尖、建

◆紫阳毛尖

◆泉岗辉白

◆都匀毛尖

◆宝顶绿茶

◆文君嫩绿

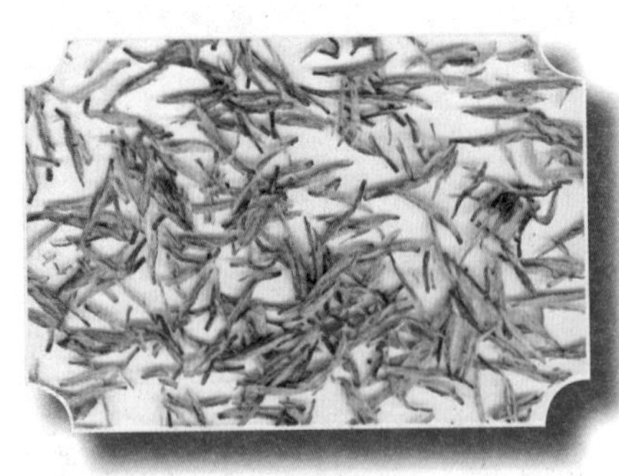

◆江华毛尖

德苞茶、瑞州黄檗茶、双桥毛尖、覃塘毛尖、东湖银毫、江华毛尖、龙舞茶、龟山岩绿、无锡毫茶、桂东玲珑茶、天目青顶、新江羽绒茶、金水翠峰、金坛雀舌、古丈毛尖、双井绿、周打铁茶、文君嫩绿、前峰雪莲、狮口银芽、雁荡毛峰、九龙茶、峨眉毛峰、南山寿眉、湘波绿、晒青、山岩翠绿、蒙顶甘露、瑞草魁、河西圆茶、普陀佛茶、雪峰毛尖、青城雪芽、宝顶绿茶、隆中茶、松阳银猴、龙岩斜背茶、梅龙茶、兰溪毛峰、官庄毛尖、云海白毫、莲心茶、金山翠芽、峨蕊、牛抵茶、化佛茶、贵定云雾茶、天池茗毫、通天岩茶、凌云

◆清溪玉芽

白茶、蒸青煎茶、云林茶、盘安云峰、绿春玛玉茶、东白春芽、太白顶芽、千岛玉叶、清溪玉芽、攒林茶、仙居碧绿、七境堂绿茶、南岳云雾茶、大关翠华茶、湄江翠片、翠螺、窝坑茶、余姚瀑布茶、苍山雪绿、象棋云雾、花果山云雾茶、水仙茸勾茶、遂昌银猴、墨江云针。

红茶

红茶，开始创制时称为“乌茶”，指的是以适宜制作本品的茶树新芽叶为原

◆红 茶

料，经萎凋、揉捻（切）、发酵、干燥等典型工艺过程精制而成的茶叶。因其干茶色泽和冲泡的茶汤以红色为主调，故名。在红茶的加工过程中发生了以茶多酚酶促氧化为中心的化学反应，鲜叶中的化学成分变化较大，茶多酚减少90%以上，产生茶黄素、茶红素等新的成分；香气物质从鲜叶中的50多种增至300多种；一部分咖啡碱、儿茶素和茶黄素络合成滋味鲜美的络合物，从而形成了红茶红汤、红叶和香甜味醇的品质特征。

1. 工序

我国红茶包括小种红茶、功夫红茶和红碎茶，其制法大同小异，都有萎凋、揉捻、发酵、干燥四个工序。各种红茶的品质特点都是红汤红叶，色香味的形成都有类似的化学变化过程，只是变化的条件、程度上存在差异而已。

◆红 茶

（1）萎凋

萎凋是指鲜叶经过一段时间失水，使一定硬脆的梗叶变成萎蔫凋谢状况的过程，是红茶初制的第一道工序。经过萎凋，可适当蒸发水分，使叶片柔软，韧性增强，便于造形。此外，这一过程可使青草味消失，茶叶清香欲现，是形成红茶香气的重要加工阶段。萎凋方法有自然萎凋和萎凋槽萎凋两种。自然萎凋即将茶叶薄摊在室内或室外阳光不太强处，搁放一定的时间。萎凋槽萎凋是将鲜叶置于通气槽体中，通以热空气，以加速萎凋过程，这是目前普遍使用的萎凋方法。

（2）揉捻

红茶揉捻的目的，与绿茶相同，茶叶在揉捻过程中成形并增进色香味浓度，同时，由于叶细胞被破坏，便于在酶的作用下进行必要的氧化，利于发酵的顺利进行。

（3）发酵

发酵是红茶制作的独特阶段，经过发酵，叶色由绿变红，形成红茶红叶红汤的品质特点。其机理是叶子在揉捻作用下，组织细胞膜结构收到破坏，透性增大，使多酚类物质与氧化酶充分接触，在酶促作用下产生氧化聚合作用，其它化学成分亦相应发生深刻变化，使绿色的茶叶产生红变，形成红茶的色香味品质。目前普遍使用发酵机控制温度和时间进行发酵。发酵适度，嫩叶色泽红匀，老叶红里泛青，青草气消失，具有熟果香。

◆小种红茶

（4）干燥

干燥是将发酵好的茶坯，采用高温烘焙，迅速蒸发水分，达到保质干度的过程。其目的有三：利用高温迅速钝化酶的活性，停止发酵；蒸发水分，缩小体积，固定外形，保持干度以防霉变；散发大部分低沸点青草气味，激化并保留高沸点芳香物质，获得红茶特有的甜香。

2.分类

（1）小种红茶

小种红茶起源于16世纪，是福建省特产，有正山小种和外山小种之分。正山小种产于福建崇安县星村乡桐木关一带，也称“桐木关小种”或“星村”小种。1610年荷兰商人第一次运销欧洲的红茶就是福建崇安星村的小种红茶（今称之为“正山小种”）。而政和、但洋、古田、沙县及江西铅山等地仿照正山品质所制作的小种红茶，统称为“外山小种”或“人工小种”。在小种红茶中，唯正山小种百

年不衰，主要原因就是它产自武夷高山地区。崇安星村和桐木关一带，地处武夷山脉北段，海拔1000~1500米，冬暖夏凉，年均气温18度，年降雨量2000毫米左右，春夏之间终日云雾缭绕，茶园土质肥沃，茶树生长繁茂，叶质肥厚，持嫩性好，成茶品质特别优异。

（2）功夫红茶

至18世纪中叶，小种红茶演变为功夫红茶。从19世纪80年代起，我国红茶特别是功夫红茶，在国际市场上曾占统治地位。

我国功夫红茶品类多、产地广。按地区命名的有滇

◆功夫红茶

红功夫、祁门功夫、浮梁功夫、宁红功夫、湘江功夫、闽红功夫（含但洋功夫、白琳功夫、政和功夫）、越红功夫、台湾功夫、江苏功夫及粤红功夫等。按品种又分为大叶功夫和小叶功夫。大叶功夫茶是以乔木或半乔木茶树鲜叶制成；小叶功夫茶是以灌木型小叶种茶树鲜叶为原料制成的功夫茶。

（3）红碎茶

我国红碎茶生产较晚，始于20世纪的50年代后期。红碎茶的制法分为传统制法和非传统制法两类。传统制法红碎茶指按最早制造红碎茶的方法，即萎凋后茶坯采用“平揉”、“平切”，后经发酵、干燥制成的。这种制法产生叶茶、碎茶、片茶、末茶四种产品，各套花色品种齐全。碎茶颗粒紧实呈短条状，色泽乌黑油润，内质汤色红浓，香味浓度好，叶底红匀。该类产品外形美观，但内质香味刺激性较小，因成本较高，质量上风格难于突出，目前我国仅很少地区生产。非传统制法又分为洛托凡（Rotorvane）制法、C.T.C制法、莱格制法和L.T.P制法几种。各类制法的产品品质风格各异，但在花色上，红碎茶的分类，及各类的外形规格基本一致。

以不同机械设备制成的红碎茶，尽管在品质上差异悬殊，但就其总的品质特征来说，共分为四个花色：

◆红碎茶

一是叶茶，条索紧结匀齐，色泽乌润，内质香气芬芳，汤色红亮，滋味醇厚，叶底红亮多嫩茎；二是碎茶，外形颗粒重实匀齐，色泽乌润或泛棕，内质香气馥郁，汤色红艳，滋味浓强鲜爽，叶底红匀；三是片茶，外形全部为木耳形的屑片或皱折角片，色泽乌褐，内质香气尚纯，汤色尚红，滋味尚浓略涩，叶底红匀；四是末茶，外形全部为砂粒末状，色泽乌黑或灰褐，内质汤色深暗，香低味粗涩，叶底暗红。以上四类，叶茶中不能含碎片茶，碎茶中不含片末茶，末茶中不含茶灰，规格清楚，要求严格。

提到红碎茶，还有一个地方不能不提——印度。印度是世界上红碎茶生产和出口最多的国家，其茶种源于中国。印度虽然有野生茶树，但是印度人一开始并不知道如何种茶和饮茶，直到了1780年英国和荷兰人开始从中国输入茶籽在印度种茶，印度茶叶才开始发展起来。现今，印度最有名的红碎茶产地阿萨姆即是1835年由中国引进茶种开始种茶的。中国专家还曾亲自前往为当地人传授种茶制茶技术，其中也包括小种红茶的生产技术。后发明了切茶机，印度红碎茶才开始出现，进而成为全球性的流行饮料。

乌龙茶

乌龙茶是由宋代贡茶龙团、凤饼演变而来，创制于1725年前后。据福建《安溪县志》记载："安溪人于清雍正三年首先发明乌龙茶做法，以后传入闽北和台湾"。乌龙茶亦称青茶、半发酵茶，以本茶的创始人而得名，是我国几大茶类中独具鲜明特色的茶叶品类。

据传，关于乌龙茶的

产生还有个传奇的小故事。据《福建之茶》《福建茶叶民间传说》载：清朝雍正年间，在福建省安溪县西坪乡南岩村里有一个茶农，他是打猎能手，名叫苏龙，因为他长得黝黑健壮，乡亲们都叫他“乌龙”。有一年春天，乌龙腰挂茶篓，身背猎枪上山采茶。到中午时分，一头山獐突然从他身边溜过，乌龙忙举枪射击，击中了山獐。但负伤的山獐并没有倒下，而是拼命逃向山林中，乌龙紧追不舍，最终捕获了猎物。当他把山獐背到家时已是掌灯时分，乌龙和全家人忙于宰杀、品尝野味，早将制茶的事抛到脑后了。

◆乌龙茶

翌日清晨，全家人才忙着炒

制昨天采回的“茶青”。大家本以为茶叶的质量一定会下降，但没有想到的是，放置了一夜的鲜叶已镶上了红边，还散发出阵阵清香。当茶叶制好时，滋味格外清香浓厚，全无往日的苦涩之味。后来乌龙通过细心琢磨与反复试验，经过镂雕、摇青、半发酵、烘焙等工序，终于制出了品质优异的茶类新品——乌龙茶。安溪也随之成了乌龙茶的著名茶乡。

乌龙茶因其做青的方式不同，分为“跳动做青”、“摇动做青”、“做手做

◆绿源乌龙茶

青”三类。而商业上习惯根据其产区不同，则将其分为闽北乌龙、闽南乌龙、广东乌龙、台湾乌龙等种类。

乌龙茶有“绿叶红镶边”的美誉，品尝后齿颊留香，回味甘鲜。它综合了绿茶和红茶的制法，品质介于绿茶和红茶之间，既有红茶的浓鲜，又有绿茶的清香。乌龙茶的药理作用突出表现在分解脂肪、减肥健美等方面，因此在日本又被称为“美容茶”、“健美茶”。

乌龙茶作为我国特有的茶类，主要产于福建的闽北、闽南及广东、台湾三个省，近年来四川、湖南等省也有少量生产。乌龙茶的著名品种主要有：武夷岩茶、武夷肉桂、闽北水仙、铁观音、白毛猴、八角亭龙须茶、黄金桂、永春佛手、安溪色种、凤凰水仙、台湾乌龙、台湾包种、大红袍、铁罗汉、白冠鸡、水金龟。

黄茶

人们从炒青绿茶中发现，由于杀青、揉捻后干燥不足或不及时，茶叶颜色即变黄，于是产生了新的品类——黄茶。黄茶的品质特

◆黄 茶

点是“黄叶黄汤”，这种黄色是制茶过程中进行闷堆渥黄的结果。

黄茶的杀青、揉捻、干燥等工序均与绿茶制法相似，其最重要的工序在于闷黄，这是形成黄茶特点的关键，主要做法是将杀青和揉捻后的茶叶用纸包好，或堆积后以湿布盖之，时间以几十分钟至几个小时不等，促使茶坯在水热作用下进行非酶性自动氧化，形成黄色。

◆霍山黄大茶

黄茶可分为黄大茶、黄小茶和黄芽茶三类。

（1）黄大茶

采摘一芽二、三叶甚至一芽四、五叶为原料制作而成，著名品种包括安徽霍山的“霍山黄大茶”和广东韶关、肇庆、湛江等地的“广东大叶青”。

（2）黄小茶

采摘细嫩芽叶加工而成，著名品种包括湖南岳阳的“北港毛尖”，湖南宁乡的“沩山毛尖”，湖北远安的“远安鹿苑”和浙江温州、平阳一带的“平阳黄汤”。

（3）黄芽茶

原料细嫩、采摘单芽或一芽一叶加工而成，著名品种包括湖南岳阳洞庭湖君山的“君山银针”，浙江德清的莫干黄芽，四川雅安、名山县的“蒙顶黄芽”和安徽霍山的“霍山黄芽”。

白茶

白茶，顾名思义，是白色的，一般地区不多见。白茶是我国的特产，产于福建省的福鼎、政和、松溪和建阳等县，台湾省也有少量生产。

◆白 茶

白茶生产最早由福鼎县首创，至今已有200年左右的历史。福鼎县有一种优良品种的茶树——福鼎大白茶，其茶芽叶上披满白茸毛，是制茶的上好原料。人们采摘了细嫩、叶背多白茸毛的芽叶，加工时不炒不揉，采用晒干或用文火烘干，使白茸毛在茶的外表完整地保留下来，所制成的茶叶便呈现白色，所以称白茶。

白茶因茶树品种、原料（鲜叶）采摘的标准不同，可分为芽茶（如白毫银针）和叶茶（如白牡丹、新白茶、贡眉、寿眉）。

（1）采用大白茶树的肥芽为原料，按白茶加工工艺加工而成的称为白毫银针，因其色白如银，外形挺直似针而得名，是白茶中最名贵的品种。它外形优美,香气清新，汤色淡黄，滋味鲜爽，因此最受人欢迎，是白茶中的极品。

◆大白茶

（2）采用福鼎大白茶、大毫茶、政和大白茶、福安大白茶等茶树品种的一芽一二叶，按白茶加工工艺加工而成的，称为白牡丹或新白茶，是白茶中的上乘佳品。白牡丹因其绿叶夹银白色毫心，形似花朵，冲泡后绿叶托着嫩芽，宛如蓓蕾初放，故得美名。

（3）采用菜茶（福建茶区对一般灌木茶树之别称）品种的一芽一二叶加工而成的，称为“贡茶”和“眉茶”。其中，贡茶的品质优于眉茶。

白茶的制作工艺一般分为萎凋和干燥两道工序，其中最为关键的是萎凋。萎凋分为室内萎凋和室外日光萎凋两种。采取何种萎凋方式要根据气候灵活掌握，比如在春秋晴天或夏季不闷热的晴朗天气中，以采取室内萎凋或复式萎凋为佳。其精制工艺是在剔除梗、片、蜡叶、红张、暗张之后，以文火进行烘焙至足干，只宜以火香衬托茶香，待水分含量为4%～5%时，趁热装箱。白茶制法的特点是既不破坏酶的活性，又不促进氧化作用，而且保持了毫香显现，汤味鲜爽。

与其他茶叶类型相比，白茶最主要的特点当然是毫色银白，给人以“绿妆素裹”之美感。而且白茶芽头肥壮，汤色黄亮，滋味鲜醇，叶底嫩匀，冲泡后滋味鲜醇可口。而且中医药理证明，白茶性清凉，有退热降火之功效。

黑茶

由于采用的原料粗老，黑茶加工制造过程中一般堆积发酵时间较长，叶色多呈暗褐色，故称黑茶。对于喝

◆黑 茶

惯了清淡绿茶的人来说，初尝黑茶往往难以入口，但是只要坚持长时间的饮用，人们就会喜欢上它独特的浓醇风味。黑茶流行于云南、四川、广西等地，同时也受到藏族、蒙古族和维吾尔族的喜爱，现在黑茶已经成为他们日常生活中的必需品，有“宁可一日无食，不可一日无茶”之说。

一般认为，黑茶的起源是始于十六世纪初，理由是当时中国历史上第一次出现了“黑茶”两个字。明朝嘉靖三年，即公元1524年，明御使陈讲疏奏云：“商茶低伪，悉征黑茶……官商对分，官茶易马，商茶给买。”另据《明史•食货志》

记载："神宗万历十三年，即公元1585年，……中茶易马，惟汉中保宁，而湖南产茶，其直贱，商人率越境私贩。"可见，到了16世纪末期，湖南黑茶已经兴起。

黑茶主要可以分为以下三种：

（1）三尖

三尖，即天尖、贡尖、生尖。

①天尖：用一级黑毛茶压制而成，外形色泽乌润，内质香气清香，滋味浓厚，汤色橙黄，叶底黄褐。

②贡尖：用二级黑毛茶压制而成，外形色泽黑褐，香气纯正，滋味醇和，汤色稍橙黄，叶底黄褐带暗。

③生尖：用三级黑毛茶

◆贡 尖

压制而成，外形色泽黑褐，香气平淡，稍带焦香，滋味尚浓微涩，汤色暗褐，叶底黑褐粗老。

（2）花砖

“花砖”历史上叫“花卷”，因一卷茶净重合老秤1000两，故又称“千两茶”。过去，花卷的加工方法是用安化高家溪和马家溪的优质黑毛茶作原料，用棍锤筑制在长形筒的篾篓中，

◆花砖茶

筑造成圆柱形，高147厘米，直径20厘米，做工精细，品质优良。1958年，湖南白沙溪茶厂适应形势发展的需要，经过多次试验，终于将“花卷”改制成为长方形砖茶，规格为35×18×3.5厘米。正面边有花纹，以示与其他砖茶的区别。砖面色泽黑褐，内质香气纯正，滋味浓厚微涩，汤色红黄，叶底老嫩匀称，每片花砖净重2公斤。

花砖茶的制造工艺与黑砖茶基本相同。压制花砖的原料成分大部分为三级黑毛茶及少量降档的二级黑毛茶，总含梗量不超过15%。毛茶进厂后，要经筛分、破碎、拼堆等工序，制成合格的半成品，以后进行蒸压、烘焙、包装等，工艺与黑砖茶相同。

（3）茯砖茶

茯砖茶的压制要经过原料处理、蒸气沤堆、压制定型、发花干燥、成品包装等工序。其压制程序与黑、花两砖基本相同，不同之处有二。一个不同之处在于砖形的厚度上。因为茯砖特有“发花”工序，除需要很多条件外，最重要的是要求砖体松紧适度，便于微生物的繁殖活动。

茯砖与黑砖、花砖的另一个不同之处就是砖从砖模退出后，不要直接送进烘房烘干，应先包好商标纸，再送进烘房烘干，目的是为促使“发花”。烘干的速度不求快，整个烘期双黑、花两焙长一倍以上，以求缓慢“发花”（即产生冠突散囊菌）。

（4）黑砖

黑砖茶，因其采用黑毛茶作原料，色泽黑润，成

◆茯砖茶

◆安化黑砖茶

品块状如砖，故名。现由湖南白沙溪茶厂独家生产，其原料选自安化、桃江、益阳、汉寿、宁乡等县茶厂生产的优质黑毛茶。白沙溪茶厂从20世纪70年代初对以往费工耗时的繁复工序进行了改革，按原来面茶、里茶的比例一次拼好、一次压制成型。制作时先将原料筛分整形，风选拣剔提净，按比例拼配；机压时，先高温汽蒸灭菌，再高压定型，检验修整，缓慢干燥，包装成为砖茶成品。

砖茶每块重2公斤，呈

◆黑砖茶

长方砖块形，长35厘米，宽18.5厘米，厚3.5厘米。砖面平整光滑，棱角分明；茶叶香气纯正，汤色黄红稍褐，滋味较浓醇。该品为半发酵茶，去除鲜叶中的青草气，加以砖身紧实，不易受潮霉变，收藏数年仍不变味，且越陈越好，适于烹煮饮用，还可加入乳品和食糖调饮。

中国十大名茶

中国茶叶历史悠久，各种各样的茶类品种，万紫千红，竟相争艳，犹如春天的百花园，使万里山河分外妖娆。中国名茶就是在浩如烟海诸多花色品种茶叶中的珍品。同时，中国名茶在国际上享有很高的声誉。名茶，有传统名茶和历史名茶之分。

尽管现在人们对名茶的概念尚不十分统一，但综合各方面情况，名茶必须具有以下几个方面的基本特点：其一，名茶之所以有名，关键在于有独特的风格，主要表现在茶叶的色、香、味、形四个方面。杭州的西湖龙井茶向以“色绿、香郁、味醇、形美”四绝著称于世，也有一些名茶往往以其一二个特色而闻名。

如岳阳的君山银针，芽头肥实，茸毫披露，色泽鲜亮，冲泡时芽尖直挺竖立，雀舌含珠，数起数落，

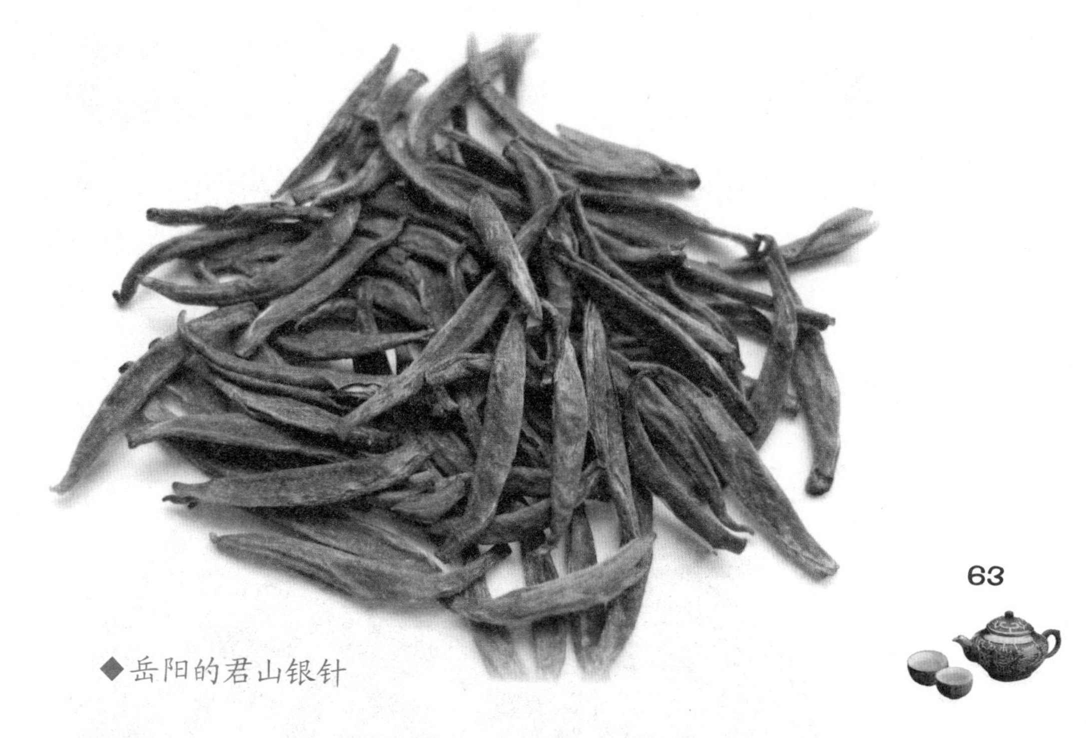

◆岳阳的君山银针

堪为奇观。其二，名茶要有商品的属性。名茶作为一种商品必须在流通领域中显示出来。因儿名茶要有一定产量，质量要求高，在流通领域享有很高的声誉。其三，名茶需被社会承认。名茶不是哪个人封的，而是通过人们多年的品评得到社会承认的。历史名茶，或载于史册，或得到发掘，就是现代恢复生产的历史名茶或现代创制的名茶，也需得到社会的承认或国家的认定。由于我国名茶种类繁多，在此仅对不同茶种的有代表性的少量名茶作一概述。

西湖龙井

西湖龙井产于浙江省杭州市西湖周围的群山之中，居中国名茶之冠。杭州，不仅以美丽的西湖美景闻名于世，此地所产的西湖龙井茶也是誉满全球的名茶。西湖群山产茶在唐代时就已享有盛名，但扁形龙井茶的出现大约还是近百年的事。相传乾隆皇帝巡视杭州时，曾在

◆西湖龙井

龙井茶区的天竺作诗一首，名为《观采茶作歌》。

龙井茶区分布在西湖湖畔的秀山峻岭之上。这里傍湖依山，气候温和，常年云雾缭绕，雨量充沛，加上土壤结构疏松，土质肥沃，茶树根深叶茂，常年莹绿。从垂柳吐芽，至层林尽染，茶芽不断萌发。清明前所采茶芽，称为明前茶。炒一斤明前茶需七八万芽头，属龙井茶之极品。

龙井茶的外形和内质与其加工手法密切相联。过去，人们采用七星柴灶炒制龙井茶，掌火十分讲究，素有“七分灶火，三分炒”的说法。而现在一般采用电锅炒制，既干净卫生，又容易控制锅温，更好地保证茶叶质量。炒制时，分“青锅”、“烩祸”两个工序，炒制手法很复杂，一般有抖、带、甩、挺、拓、扣、抓、压、磨、挤等十大手法。炒制时，依鲜叶质量高低和锅中茶坯的成型程度，不时改换手法，因势利炒而成。

西湖龙井茶向以“狮（峰）、龙（井）、云（栖）、虎（跑）、梅（家坞）”排列品第，以西湖龙井茶为最。龙井茶外形挺直削尖、扁平俊秀、光滑匀齐，色泽绿中显黄。冲泡后，香气清高持久，香馥若兰；汤色杏绿，清澈明亮，叶底嫩绿，匀齐成朵，芽芽直立，栩栩如生。品饮茶汤，沁人心脾，齿间流芳，回味无穷。

黄山毛峰

黄山毛峰茶产于安徽省太平县以南、歙县以北的黄山。黄山是我国景色奇绝的自然风景区。山中常年云雾弥漫，云多时能笼罩全山区，山峰露出云上，像是若干岛屿，故称云海；山上松树或倒悬，或偃卧，树形奇特；岩峰由奇、险、深幽的山岩聚集而成。云、松、石的统一，构成了神秘莫测的黄山风景区，也

◆黄山毛峰

给黄山毛峰茶蒙上了一层神秘的面纱。

黄山毛峰茶园分布在山上的云谷寺、松谷庵、吊桥庵、慈光阁以及海拔1200米的半山寺周围，在高山的山坞深谷中，坡度达30～50度。这里气候温和，雨量充沛，土壤肥沃，土层深厚，空气湿度大，日照时间短。茶树沉浸在云蒸霞蔚之中，因此茶芽格外肥壮，柔软细嫩，叶片肥厚，经久耐泡，香气馥郁，滋味醇甜，是茶中的上品。

黄山毛峰茶成名于清代光绪年间，而黄山的茶叶早在300年前就相当著名了。黄山茶的采制相当精细，认清明到立夏为采摘期，采回来的芽头和鲜叶还要进行选剔，剔去其中较老的叶、茎，使芽匀齐一致。在制作方面，要根据芽叶质量，控制杀青温度，不致产生红梗、红叶和杀青不匀不透的现象；火温要先高后低，逐渐下降，叶片着温均匀，变化一致。

黄山毛峰的品质特征是：外形细扁稍卷曲，状如雀舌披银毫，汤色清澈带杏黄，香气持久似白兰。

洞庭碧螺春

洞庭碧螺春茶产于江苏省吴县太湖洞庭山，是中国著名绿茶之一。相传，古时候洞庭东山的碧螺春峰石壁上长出几株野茶。当地的

◆洞庭碧螺春

老百姓每年茶季持筐采摘，以作自饮。有一年，这种茶树长得特别茂盛，人们争相采摘，竹筐装不下，只好放在怀中，茶受到怀中热气熏蒸，奇异香气忽发，采茶人惊呼："吓煞人香"，由此得名"吓煞人香"茶。有一次，康熙皇帝游览太湖，巡抚宋公奉上"吓煞人香"茶，康熙品尝后觉香味俱佳，但名称不雅，遂赐名"碧螺春"。

碧螺春茶从春分开采，至谷雨结束。采摘的茶叶为一芽一叶，采摘下来的芽叶还要进行拣剔，去除鱼叶、老叶和过长的茎梗。一般来说，人们是清晨采摘，中午前后拣剔质量不好的茶片，下午至晚上炒茶。目前碧螺春的炒制大多仍采用手工方法，其工艺过程是：杀青——炒揉——搓团焙干，三道工序在同一锅内进行，一气呵成。碧螺春的炒制特点是炒揉并举，关键在提毫，即搓团焙干工序。

碧螺春茶条索纤细，卷曲成螺，满披茸毛，色泽碧绿。冲泡后，味鲜生津，清香芬芳，汤绿水澈，叶底细匀嫩。尤其是高级碧螺春，即使是先冲水后放茶，茶叶依然可以徐徐下沉，展叶放香，这是茶叶芽头壮实

◆洞庭碧螺春

的表现，也是其他茶所不能比拟的优点。因此，民间流传一种说法：碧螺春是“铜丝条，螺旋形，浑身毛，一嫩（指芽叶）三鲜（指色、香、味）自古少”。

洞庭碧螺春茶风格独具，驰名中外，常用于招待外宾或作高级礼品，不仅畅销于国内市场，还外销至日本、美国、德国、新加坡等国家。

安溪铁观音

安溪铁观音属青茶类，产于福建省安溪县，是我国著名乌龙茶之一。安溪铁观音茶历史悠久，素有“茶王”之称。安溪县境内多山，气候温暖，雨量充足，茶树生长茂盛，茶树品种繁多，姹紫嫣红，冠绝全国。

◆安溪铁观音

安溪铁观音茶一年可采四期茶，分春茶、夏茶、暑茶、秋茶，制茶品质以春茶为最佳。采茶日之气候以晴天有北风天气为好，所采茶叶制成的茶品质最好。因此，当地采茶多在晴天上午10点至下午3点前进行。

铁观音的制作工序与一般乌龙茶的制法基本相同，但摇青转数较多，凉青时间较短。一般在傍晚前晒青，通宵摇青、凉青，次日晨完成发酵，再经炒揉烘焙，历时一昼夜。归纳起来，其制作工序分为晒青、摇青、凉青、杀青、切揉、初烘、包揉、复烘、烘干9道工序。

品质优异的安溪铁观音茶条索肥壮紧结，质重

◆安溪铁观音

如铁，芙蓉沙绿明显，青蒂绿，红点明，甜花香高，甜醇厚鲜爽，具有独特的品味，回味香甜浓郁，冲泡7次仍有余香；汤色金黄，叶底肥厚柔软，艳亮均匀，叶缘红点，青心红镶边。安溪铁观音多次参加国内外博览会并独占魁首，在国内外都享有盛誉。

君山银针

君山银针茶是我国著名黄茶之一。君山，为湖南岳阳县洞庭湖中岛屿。岛上土壤肥沃，多为砂质土壤，年平均温度16～17度，年降雨量为1340毫米左右，相对湿度较大。春夏季湖水蒸发，云雾弥漫，岛上树木丛生，

◆君山银针

自然环境很适宜茶树生长，山地遍布茶园。

君山银针茶于清明前三四天开采，以春茶首轮嫩芽制作，且须选肥壮、多毫、长25～30毫米的嫩芽，经拣选后，以大小匀齐的壮芽制作银针。制作工序分杀青、摊凉、初烘、复摊凉、初包、复烘、再包、焙干等8道工序。

君山银针茶香气清高，味醇甘爽，汤黄澄高，芽壮

多毫，条真匀齐，着淡黄色茸毫。冲泡后，芽竖悬汤中冲升水面，徐徐下沉，再升再沉，三起三落，蔚成趣观。

云南普洱

普洱茶是在云南大叶茶基础上培育出的一个新茶种。普洱茶亦称滇青茶，因其是用攸乐、萍登、倚帮等

◆云南普洱茶

11个县的茶叶在普洱县加工成，故得名“普洱茶”。

普洱茶的产区，气候温暖，雨量充足，湿度较大，土层深厚，有机质含量丰富。这里生长的茶树多为乔木形态的高大茶树，芽叶极其肥壮而茸毫茂密，具有良好的持嫩性，芽叶品质优异。普洱茶采茶的标准为二三叶，采摘期从3月开始，可连续采至11月，在生产习惯上划分为春、夏、秋茶三期。其制作方法为亚发酵青茶制法，经杀青、初揉、初堆发酵、复揉、再堆发酵、初干、再揉、烘干8道工序。

在古代，普洱茶是作为药用的。其品质特点是：香气高锐持久，带有云南大叶

◆云南普洱茶

茶种特性的独特香型，滋味浓强富于刺激性；耐泡，经五六次冲泡仍持有香味，汤橙黄浓厚，芽壮叶厚，叶色黄绿间有红斑红茎叶，条形粗壮结实，白毫密布。

普洱茶分为散茶与型茶两种，产品远销港、澳地区及日本、马来西亚、新加坡、美国、法国等十几个国家。

庐山云雾

庐山云雾也是中国著名绿茶之一。庐山位于江西省九江市，山从平地起，飞峙江湖边，北临长江，南对鄱阳湖，主峰高耸入云，海拔1543米，自古有“匡庐奇秀甲天下”之称。

庐山多断崖陡壁，峡谷深幽，纵横交错，云雾漫山间，变幻莫测。春夏之交，常见白云绕山。有时淡云飘渺似薄纱笼罩山峰，有时一阵云流顺陡峭山峰直泻千米，倾注深谷，人们为这一壮丽景观取名庐山“瀑布云”。

据载，庐山种茶始于晋朝，但发展缓慢。到唐朝时，文人雅士一度云集庐山，庐山茶叶生产始有所发展。相传唐代著名诗人白居

◆庐山云雾茶

易就曾在庐山香炉峰下结茅为屋，开辟园圃种茶种药。到宋朝时，庐山茶被列为“贡茶”。

庐山云雾茶不仅具有理想的生长环境以及优良的茶树品种，还具有精湛的采制技术。在清明前后，随海拔增高，鲜叶开采期相应延迟到“五一”节前后，以一芽一叶为标准。采回茶片后，薄摊于阴凉通风处，保持鲜叶纯净。然后，经过杀青、抖散、揉捻等九道工序后，即制成庐山云雾茶成品。

庐山云雾茶色泽翠绿，香如幽兰，味浓醇鲜爽，芽叶肥嫩显白亮。品质优良的庐山云雾茶不仅深受国人欢迎，也受到了国外消费者的热烈欢迎。现在，除畅销国内市场外，庐山云雾茶还销往日本、德国、韩国、美国、英国等国，尤其是随着庐山旅游业的发展，庐山云雾茶的需求量日益增大，凡到庐山旅游的中外游客，都会买些庐山云雾茶回去馈赠亲友。1959年，朱德同志到庐山品尝此茶后，欣然作诗称颂道：“庐山云雾茶，味浓性泼辣，若得长时饮，延年益寿法。”

冻顶乌龙

冻顶茶，产于台湾省南投鹿谷乡，被誉为台湾茶中之圣。它的鲜叶采自青心乌龙品种的茶树上，故又名“冻顶乌龙”。冻顶为山名，乌龙为品种名。但从其发酵程度来看，它其实属于轻度半发酵茶，制法则与包种茶相似，所以应归属于包种茶类。

冻顶茶品质优异，在台湾茶市场很受欢迎。其上选品外观色泽呈墨绿鲜艳，并带有青蛙皮般的灰白点，条索紧结弯曲，干茶具有强烈的芳香；冲泡后，汤色略呈柳橙黄色，有明显清香，近似桂花香，汤味醇厚甘润，喉韵回甘强。叶底边缘有红

◆冻顶乌龙

◆祁门红茶

边，叶的中部呈淡绿色。

祁门红茶

祁门红茶，简称祁红。在红遍全球的各类茶种，祁红独树一帜，百年不衰，以其高香形秀著称，被国际市场奉为茶中之佼佼者。祁红为功夫红茶中的珍品，曾在1915年巴拿马国际博览会上荣获金牌奖章。

创制一百多年来，祁红一直保持着优异的品质风格。其生产条件极为优越，天时、地利、人勤、种良，可谓得天独厚，所以祁门一带大都以茶为业，上下千年，始终不败。

祁红向以高香着称，具有独特的清鲜持久的香味，国际市场上称之为“祁门香”。英国人最喜爱祁红，全国上下都以能品尝到祁红为口福。皇家贵族也以祁红为时髦饮品，赞美其为“群芳最”。

苏州茉莉花茶

苏州茉莉花茶，约于清代雍正年间开始发展，距今已有250年的产销历史。据史料记载，苏州在宋代时已栽种茉莉花，并以它为制茶的原料。到了1860年，苏州茉莉花茶便已盛销于东北、华北一带。从解放初期始，苏州茉莉花茶开始出口，外销香港、东南亚、欧洲、非洲

◆苏州茉莉花茶

◆苏州茉莉花茶

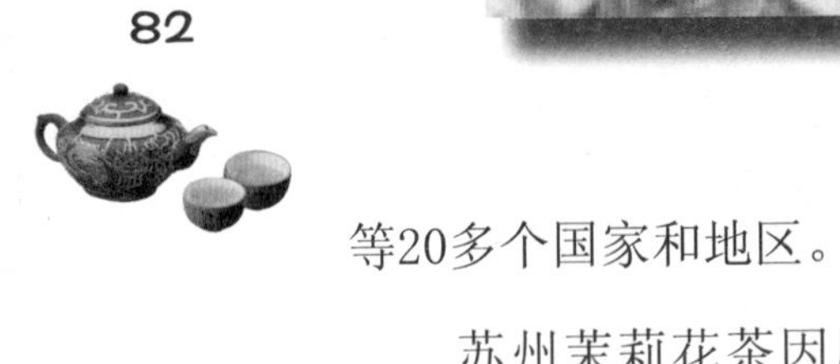

等20多个国家和地区。

苏州茉莉花茶因所用茶胚、配花量、窨次、产花季节的不同而有浓淡之分，其香气依花期有别，头花所窨者香气较淡，“优花”窨者香气最浓。苏州茉莉花茶主要茶胚为烘青，也有杀茶、尖茶、大方，特高者还有以龙井、碧螺春、毛峰窨制的高级花茶。与同类花茶相比，苏州茉莉花茶属清香类型，香气清芬鲜灵，茶味醇和含香，汤色黄绿澄明。

茶的烹沏

沏茶技术

沏茶（沏，读qī而不读qì）技术包括：烫壶、置茶、温杯、高冲、低泡、分茶、敬茶、闻香、品茶、茶叶用量、沏茶水温和冲泡时间。关于沏茶时每次茶叶用量多少，目前并无统一的标准，应根据茶叶种类、茶具大小以及饮者的饮用习惯而定。茶叶种类繁多，因茶类不同，用量各异。如冲泡一般的红、绿茶时，每杯放3克左右的干茶，加入沸水150～200毫升；如饮用普洱茶，每杯放5～10克。用茶量最多的是乌龙茶，每次投入量为茶壶的1/2～2/3。

◆沏 茶

（1）烫壶

在泡茶之前需要用开水烫壶，一来可以去除壶里的异味；二来，热壶有助于挥发茶香。

（2）置茶

一般泡茶所用的茶壶壶口都比较小，因此先将茶叶装入茶荷内，泡茶时可将茶荷递给客人，鉴赏茶叶外观，再用茶匙将茶荷内的茶叶拨入壶中，茶量以壶的三分之一为度。

（3）温杯

将烫壶的热水倒入茶盅内，再行温杯。

（4）高冲

冲泡茶叶需高提水壶，水自高点下注，使茶叶在壶内翻滚，散开，以更充分泡出茶味，俗称“高冲”。

◆茶 荷

◆分 茶

（5）低泡

泡好的茶汤即可倒入茶盅，此时茶壶壶嘴与茶盅之距离，以低为佳，以免茶汤内之香气无效散发，俗称“低泡”。第一泡茶汤与第二泡茶汤在茶盅内混合，效果更佳；第三泡茶汤与第四泡茶汤混合，以此类推。

（6）分茶

茶盅内之茶汤再行分入杯内，杯内之茶汤以七分满为度。

（7）敬茶

将茶杯连同杯托一并放置客人面前，是为敬茶。

陆羽品茶图

（8）闻香

品茶之前，需先观其色，闻其香，方可品其味。

（9）品茶

“品”字三个口，意即一杯茶需分三口品尝，且在品茶之前，目光需注视泡茶师一至两秒，稍带微笑，以示感谢。

◆泡 茶

茶量控制

泡茶时茶叶的放置量、浸泡时间与水温是决定茶汤浓度的三大要素，茶量放得多，浸泡时间要短；茶量放得少，浸泡时间要长。如果水温高，浸泡时间宜短；水温低，浸泡时间要加长。

在决定茶叶放置量的时候要考虑茶叶的外形与粗细的程度。一般常看的茶叶外形，就泡茶角度而言，可分为下列三类：

①特密级：如剑片状的龙井、煎茶，剑状的龙井、煎茶，针状的功夫红茶、玉露、眉茶，球状的珠茶，碎角状熏花香片等。

②次密级：如揉成球状的乌龙茶、肥大带绒毛的白毫银针、纤细膨松的绿茶等。

◆包种茶

③膨松级：如包种茶、白亮乌龙、叶形粗大的碧螺春、瓜片等。

假设第一泡欲浸泡一分钟得出适当浓度茶汤，那特密级要放1/5壶量，次密级要放1/4壶，膨松级放六、七分满。第二道以后看茶叶舒展状况与品质特性决定增减的时间，以下几项是需要考虑的因素：

①揉捻成卷曲状的茶在第二道、第三道便完全舒展开来，所以浸泡时间往往需要缩短。

②揉捻轻、发酵少的

茶可溶物释出的速度很快，所以二、三道后浓度形成缓慢，必须增加更多的时间。

③重萎凋、轻发酵的白茶类如白毫银针、白牡丹，可溶物释出缓慢，浸泡时间应延长。

③细碎茶叶可溶物释物出很快，前面数道时间宜短，往后各道的时间应增加得更多。

④重焙火茶可溶物释出的速度较同类型茶之轻焙火者为快，故前面数道时间宜短，往后愈多道增加愈多的时间。

⑤普洱茶、沱茶等紧压茶根据其剥碎程度与压紧程度调整时间。细碎多者参考③，紧结程度低者参考①，紧结程度高者慢慢泡，慢慢舒展，时间宜长，

◆普洱茶饼

并依舒展速度调整之。

⑥将茶汤倒出后，若相隔时间长（如10分钟以上），下一道浸泡的时间应酌量缩短。若属二、三道的茶，可溶物释出量正旺，缩短的程度还要加大。例如紧揉成球状的高级乌龙茶若第一泡浸泡一分钟即得所需浓度，放置10分钟后冲泡第二道，几乎无须等待，冲完水，盖上壶盖，就可以将茶汤倒出。若前一道茶汤未完全倒干，留下来的茶汤也会影响下一道茶的浓度。

⑦泡茶时，置茶量最好适当，宁愿少也不要太多。一般来说，第二泡过后，茶叶就会膨胀到九成以上。所以应控制置茶量，尽量不要

◆乌龙泡茶

泡到满出来而需要将壶盖下压的状况。以乌龙、铁观音、金萱来比较，金萱膨得最凶，铁观音次之，乌龙最弱；以生熟来说，熟茶膨胀的倍数比较小。

冲泡不同茶叶时，置茶量多少不一。如泡包种茶，因包种茶成条索状，不管是用什么品种制成的，茶叶都比较膨松，一般而言要放满壶，而且如果觉得泡出来浓度不够（包种茶冲泡时间因为发酵、烘焙度低，所以前四泡尽量不要超过40秒），置茶量就应增多。方法有二：置茶时，用小茶棒将茶叶搅松，再置茶，这样茶叶就可以放多一点；置茶时用手将茶叶稍微捏碎，置放的茶叶就会多一点，不过这样虽然比较方便，但是茶叶捏碎的大小不一，也会影响冲泡出来的滋味。

再如绿茶，例如龙井，置茶量不应太高，一般用盖杯泡，置茶量从一层到四层。冲泡温度低，一般可用二次降温法，即将开水先冲到一个杯子（可以用茶海），在将水冲到盖杯中。

时间控制

茶叶第一道浸泡的时间最好能在一分钟以上，因为这样茶叶中各种可溶于水的成分才比较有机会释出，这样得出的茶汤比较能代表该种茶的品质。如果时间太短，如三、四十秒，可能只

有部分物质溶出，就比较难反映出该种茶的真实面目。所以国际鉴定茶叶的标准杯泡法规定的浸泡时间多在5～6分钟，目的就是希望将茶叶的内质尽量溶出，以便评总成绩。

除了浸泡的时间外，停泡间的间隔时间也很重要。将茶汤倒出后，若相隔时间长（如20分钟以上），下一道浸泡的时间应酌量缩短，若属二、三道茶，可溶物释出量正旺，缩短的程度还要加大。

水温控制

茶叶中的氨基酸对人体有好处，它在水温60度时就能溶解，维生素C在水温超过70度时就会受损，茶单宁和咖啡碱在水温70度时就会溶出，水温再高，茶的味道就过于苦涩，所以水温最好保持在70～80度之间。因此，将开水灌入暖瓶后再用来沏茶比较好。

（1）泡茶水温与茶汤品质有直接关系，这“关系”包括：

①口感上，茶性表现的差异

如绿茶用太高温的水冲泡，茶汤有如婴儿般活的感觉会降低；白毫乌龙如用太高温的水冲泡，茶汤有如女性般娇艳、阴柔的感觉会消失；铁观音、水仙如用太低温的水冲泡，香气不扬，阳刚的风格也表现不出来。

②可溶物释出率与释出速度的差异

水温高，茶叶中可溶物的释出率与速度都会增加，反之则会减少。这个因素影响了茶汤浓度的控制，也就是等量的茶水比例，水温高，达到所需浓度的时间短，水温低，所需时间就长。

③苦涩味强弱的控制

水温高，茶汤苦涩味会加强，水温低，苦涩味减弱。所以苦味太强的茶可降低水温改善之，涩味太强的，除水温外，浸泡的时间也要缩短。为达到所需的浓度，前者就必须增加茶量，或延长时间；后者则必须增加茶量。

（2）什么茶用什么水温冲泡易得出高品质的茶汤，可分为三大类说明：

①低温（70度～80度）

用以冲泡龙井、碧螺春等带嫩芽的绿茶类与黄茶类。

②中温（80度～90度）

用以冲泡白毫乌龙等嫩采的乌龙茶，瓜片等采开面叶的绿茶，以及虽带嫩芽，但重萎凋的白茶（如白毫银针）与红茶。

③高温（90度～100度）

用以冲泡采开面叶为主的乌龙茶，如包种、冻顶、铁观音、水仙、武夷岩茶等，以及后发酵的普洱茶。这两类偏嫩采者，水温要低；偏成熟叶者，水温

◆铁观音

要高。上述乌龙茶之焙火高者，水温要高；焙火轻者，水温要低。

有人提出：泡茶用水是先烧到100度再降到所需温度，或是需要多高的水温就烧到所需温即可？这要看水质是否需要杀菌或利用高温降低某些矿物质与杀菌剂，如果需要，就需先将水烧到100度再降到所需温度，如果不需要，则直接加温到所需温度即可。因为水开滚太久的话，水中气体含量就会降低，不利于香气挥发，这也就是所谓水不可烧老的道

◆泡 茶

理。

（3）泡茶水温还受到下列一些因素的影响：

①温壶与否

所谓温壶就是置茶之前用热水烫壶。置茶前是否温壶会影响到泡茶用水的温度，热水倒入未温热过的茶壶，水温将降低5度左右。所以若不实施“温壶”，则泡茶的水温必须提高些，或浸泡的时间延长些。

②温润泡与否

所谓温润泡就是第一道冲水后马上倒掉，然后再次冲水，浸泡后得出饮用的第一道茶。第一次冲水倒掉的过程称为温润泡（不一定要实施），这时茶叶吸收了热度与的湿度，再次冲泡时可溶物释出的速度会加快，所以实施润泡的第一道茶，浸泡时间要缩短。

③茶叶是否冷藏过

冷藏或冷冻后的茶叶，若未放置至常温即行冲泡，应视茶叶温度酌量提高水温，或同时延长浸泡时间，尤其是“揉捻”后未经“干燥”即行冷冻的“湿茶”。

（4）如何知道水温？

要想确切知道水的温度，可先买支100度或150度的温度计，练习测量个五、六次，以后就可以直接用感官判断了。切记，想将茶泡好，水温的判断是很重要的。

水质控制

在唐代茶圣陆羽写的《茶经》中，对于沏茶的水有如下描述：“泉水为上，江水为中，井水为下。”他这样说的原因是什么呢？原来，当沏茶的水的酸碱度pH值大于5时，会形成茶红素盐，使茶水颜色变深发暗，甚至使茶水丧失鲜爽感。井水中一般溶解的盐类较多，水质硬，故不宜沏茶。而在河水和泉水中，河水碱性较小，泉水碱性最小，因此泉水沏茶最好。

具体来看，泡茶用水中影响茶汤的因素主要包括以下四项：

（1）矿物质含量

水中矿物质含量太多，一般称为硬水，用这种水泡出的茶汤颜色偏暗、香气不显、口感清爽度降度，不适于泡茶；矿物质含量低者，一般称为软水，这种水容易将茶的特质充分表现出来，是适宜泡茶的用水。但完全没有矿物质的纯水口感清爽度不佳，也不利于一些微量矿物质的溶解，所以也不是泡茶的好水。若以“导电度”来表示水中矿物质的含量，10～80度就是很好的状况，150度以上就嫌硬了点。

（2）消毒剂含量

若水中含有消毒剂，如台湾自来水使用液氯，饮用前应使用活性碳将其滤掉，或用慢火煮开一段时间，或高温不加盖放置一段时间也可以，这样做的原因是消毒剂会直接干扰茶汤的味道与品质。

（3）空气含量

水中空气含量高者，有利于茶香的挥发，而且口感上的活性强，一般说“活水”适于泡茶，主要是因为活水的空气含量高；又说“水不可煮老”，是因为煮久了，水的空气含量就降低了。

（4）杂质与含菌量

这两项东西愈少愈好，一般高密度滤水设备都可以将之隔离，另外还可以利用煮沸的方法将后者消减掉。

有人说，市面上销售的“矿泉水”与“饮用水”适

不适于泡茶呢？这就要看这水是高矿物质含量还是低矿物质含量，前者不宜泡茶，后者则可以。泉水是否适宜泡茶，关键要看其中的矿物质、杂质与含菌量，并不是每一口泉水都有好的水质的。

另外，烧茶水的壶应该避免使用金属制的材料，最好是用陶壶；出水口不要太大，因为泡茶还是以两人壶、四人壶最佳（严谨说来，应该是说四人壶、八人壶），所以出水口太大不好控制。

再者，烧水最好是用炭火，但是使用炭火需要技术，没有技术，烧出的水容易有问题。但现在我们学茶

◆茶 壶

根本不必从烧水开始，因为有了电、瓦斯和酒精。

泡茶时，水中若是溶有足量的气体，对于冲泡出来的茶汤香味、滋味有增进的效果。水中未烧开的时候尚溶有气体，待烧到沸点时，水中溶解的气体就几乎全部被排了出去。相较以尚未开的水泡的茶，开水泡出来的茶就显得有些“死板”，失去了应有的鲜活感。

而为了增加水中溶有的气体量，最好的方法有以下几种：

①生水不要煮到开。判断水煮的程度，可以从烧水壶的咕噜咕噜声判定，也可以从将近沸腾时，热水中的泡泡大小来区别。近乎沸腾时，关火；温度不够时，开火。但是不同的烧水材料和方式会有不同的反应，需要自己慢慢体会。现在科学进步了，买一支摄氏100度的温度计，可以大大缩短学习路径。

②冲茶时，将壶举高些，高冲有助于气体的溶入。不过，这同时会降低温度，在冲茶时应考虑到这一点。

③冲茶时，把壶盖放倾斜于壶口，当它是篮板，借媒介物增加溶气体量。但同样要注意的是这也会降低温度。

⑤从茶海倒入杯中，高冲也可以增加溶气量。

把握住溶解气体的原则

后，泡出来的茶汤就会比较鲜活，甚至会泡出以前从没泡出的香气。但是，如果泡出来的茶汤和以往相较，喝起来有闷闷的、香气扬不起来的感觉，大半是因为冲泡的温度太低。

浓度控制

（1）茶汤浸泡到所需的浓度后，一次将茶汤倒出，方法有三：

①将茶汤全倒于如“茶盅”容器内，再持茶盅分倒入杯饮用。

②一次将茶汤倒于大杯子内饮用。

③一次将茶汤倒于数个杯子内。

（2）茶叶浸泡到所需的浓度后，将茶渣取出，方法有二：

①将茶叶放于可取出的内胆浸泡，至所需浓度后将内胆取出。

②浸泡到所需浓度后，用漏勺将茶叶舀出。

（3）一壶茶的数道茶汤浓度是否要一致，看法有两种：

①从每一道茶都应将此时之茶表现得最好的角度看，应该尽量将每道茶汤泡至所需浓度，因为我们是将“所需浓度”定义为“此时之茶的最佳表现”。每道茶汤的浓度应力求一致，但茶汤的品质在三、五道后难免开始下降，直到饮用者认为不宜再泡为止。

②有人认为将每道茶泡出不同的浓度与特性，正好可以从多个方面了解茶的状况。这个观点从“评茶”的角度可说得通，但从欣赏的角度上，在与茶为友的态度上，还是应该依第一条的理念才是，因为即使“为人”，也无需在别人面前表现出各种不同的“面目”；“评茶”只适宜在特定时间为之，平时喝茶，最好不要时时持“批评”的态度。

茶水比例

一般认为，冲泡绿茶、红茶、花茶的茶水比例以1:50为宜（即用普通玻璃杯、瓷杯沏茶，每杯约置3克茶叶，可冲入不低于150毫升的沸水）。品饮铁观音、武夷岩茶等乌龙茶类时，因对茶汤的香味、浓度要求较高，故茶水比例可适当放大，以1:20为宜（即每杯约置3克茶叶，可冲入不低于60毫升的水）。

一般用紫砂壶泡比较名贵的茶叶时，以容量150～200毫升的中型壶为宜。在中型壶内放置壶内容

◆紫砂壶

积三分之一的茶叶比较合适，也可以每1克茶叶冲入50毫升的水为限（细嫩茶叶的用水量适当减少，粗茶叶的用水量再适当增大）。

细嫩的高级绿茶，以水温85度左右的水冲泡为宜。如沏名茶碧螺春、明前龙井、太平猴魁、武夷大红袍、黄山毛峰、君山银针等，切勿用沸水冲泡。而乌龙茶、花茶宜用90～95度的开水冲泡；红茶如滇红、祁红等可用沸水冲泡；普洱茶用沸水冲泡，才能泡出其香味，且要即冲即饮，沏水后以浸泡2～3分钟为佳，勿超过5分钟，以保持茶香；一般绿茶、红茶、花茶等，也宜用刚沸的水沏茶；而原料粗老的紧压茶类，不宜用沸水沏，需用煎煮法才能使水溶性物质较快溶解，以充分提取出茶叶内的有效成分，保持鲜爽味。

茶的作用

保健功能

当今饮料中，中国茶被誉为原子时代的饮料、21世纪的和平饮料。由于其所具有的特殊的健身功能，茶已经成为当今越来越受民众欢迎的健康饮料。下面介绍中国几种具有保健功能的茶的冲泡方法。

（1）糖茶：取绿茶、白糖适量，开水冲泡，片刻饮之，有和胃补中益气之功，还可治妇女月经不调。

（2）菊花茶：取绿茶、白菊花（干）适量，开水冲泡，待凉饮之，有清肝明目之功。主治肝经风热头痛、目赤肿痛和高血压等症。

◆菊花茶

（3）山植茶：山植适量，捣碎，加水煎煮至一杯，再加入茶叶适量。长期饮用，有降脂、减肥的功效，对高血压、冠心病及肥胖症也有一定疗效。

（4）松萝茶：是我国著名的药用茶。徽州松萝，专于化食，有消积滞，去油腻、清火、下气、降痰之功效，久饮还可治顽疮及坏血症。

（5）醋茶：将茶泡好后，去掉茶叶，按茶水和醋5:2的比例配制。每日饮用2～3次，可治暑天腹泻、痢疾，并有解酒和治疗酒醉的作用。

◆松萝茶

◆盐 茶

（6）盐茶：茶叶里放点食盐，用开水冲泡后饮之，有明目消炎、降火化痰之功效。同时可治牙痛、感冒咳嗽、目赤肿痛等症。夏天常饮，还可防中暑。

（7）姜茶：取茶叶少许、生姜几片去皮水煎，饭后饮服。可发汗解表，温肺止咳，对流感、伤寒、咳嗽等有很好的疗效。

（8）显柿茶：柿饼适量煮烂，加入冰糖、茶叶适量，再煮沸，配成茶水饮

之，有理气化痰、益肠健胃的功效，最适于肺结核患者饮用。

（9）奶茶：先用牛奶和白糖煮沸，然后按1份牛奶、2份茶汁配好，再用开水冲服，有减肥健脾、提神明目之功效。

（10）蜂蜜茶：取茶叶适量放入小布袋内，放入茶杯，冲入开水，再加入适量蜂蜜。饮此茶有止渴养血、润肺益肾之功效，并能治疗便秘、脾胃不和、咽炎等症。

（11）莲茶：取湘莲30克，先用温水浸泡5小时后沥干，加入红糖30克，水适量，同煮至烂，饮用时加入茶汁。此茶有健脾益肾之

◆玫瑰蜂蜜茶

◆红枣茶

功，肾炎、水肿患者宜天天服用。

（12）枣茶：取茶叶5克，开水冲泡3分钟后，加入10粒红枣捣烂的枣泥。此茶有健脾补虚作用，尤其适用于小儿夜尿，不思饮食。

（13）银茶：取茶叶2克，金银花1克，开水冲泡后饮服，可清热解毒，防暑止渴，对暑天发热、疖痛、肠炎等有很好的治疗效果。

其他用途

一般我们都知道，茶的主要用途是作为饮料，它色、香、味兼具，是绝佳的饮料。可是除了饮用之外，茶还有许多特别的用途。具体如下：

（1）煮茶叶蛋是一道美味可口的食品，有的茶叶蛋是利用泡过的茶叶来煮的，有的则是用茶叶末来煮的。但最好的是用红茶来煮，因为普通的红茶价格便宜，煮出来的茶叶蛋色泽红润，味道香美。煮茶叶蛋的要领是先将蛋煮熟，然后将蛋壳轻轻敲碎，再将茶叶放入水中继续煮，以使茶叶更好地入味。

（2）用过的茶叶不要废弃，将其摊在木板上晒干，日积月累积存下来，可以用作枕芯。据说，用茶叶做成的茶叶枕可以清神醒脑，增进思维能力。

（3）将用过的茶叶晒干，在夏季的黄昏点燃，可以驱除蚊虫，而且对人体绝对无害，效果与蚊香等同。

（4）茶叶中有丰富的色素，尤其红茶的红褐色色素用途最为广泛，调酒可以用，制造食品也可以用。如果在厨房准备一点红茶浓汁，把它用作菜肴的调色，要比一般化学色素好得多。

（5）冲泡过的茶叶中仍有无机盐、碳水化合物等养分，堆掩在花圃里或花盆里，能促进花草的发育与繁殖。

（6）食品工业的进步，使茶多了一个特别的用途，如今红茶牛奶糖已经是一种味道别致、芬芳香郁的可口糖果了。

（7）茶叶里含有大量的单宁乳酸，单宁酸具有强烈的杀菌作用，尤其对脚气特别有效，所以如果患脚气的人每晚将茶叶煮成浓汁来洗脚，时间长了脚气便会不药而愈。不过煮茶洗脚，贵在坚持，而且最好用绿茶。

（8）患有口臭病的人时常将茶叶含在口里，时间长了便可消除口臭。常用浓茶漱口，也有同样的效果。如果不擅饮茶，可将茶叶泡过之后再含在嘴里，可减少苦涩的滋味，也有同样的效果。

（9）茶水可以去垢涤腻，所以洗过头发之后，再用茶水洗涤，可以使头发乌黑柔软，富有光泽，而且茶水不含化学剂，不会伤到头发和皮肤。

（10）丝质品的衣服，

最怕化学清洁剂，如果将泡过的茶叶拿来煮水洗涤丝质的衣服，便能使衣服保持原来的色泽，而且光亮如新。用这种水洗尼龙纤维的衣服，也有同样的效果。

（11）一般来说，喉头发炎、声音嘶哑很可能是感冒前兆，但在就医之前，用冰糖泡浓茶喝上几大杯，立刻就会觉得口腔清爽，痛苦减少，也许就无须再看医生了。

（12）我国古代名医张仲景曾说过："茶治便脓有效"。所谓"便脓"，就是一般所说的痢疾。绿茶所含的单宁酸能杀死病菌，连续喝三天浓茶，痢疾症状即能减轻，五天即可痊愈。

（13）吃过大葱大蒜后，如果立刻出门参加交际，那股蒜味会使人尴尬烦恼。在出门之前，不妨含一撮茶叶在口中，过三五分钟，再把茶叶吐出来，蒜味便会消失得无影无踪。

（14）茶有消炎杀菌止痛的效果，必要时还可起到救急的作用，如果小孩子不慎跌倒，擦破了皮肤或有红肿的现象，立刻用冷茶水将伤处或红肿处洗干净后，再嚼些茶叶敷在伤处，便可减少疼痛，也不会感染细菌，情况严重时再去就医。

（15）如果是经常写作的人，或是读书的学生，当感到眼睛疲乏、干涩甚至睁不开的时候，在洗眼器中倒

入半杯淡茶水，用这个水洗眼睛可以消除疲劳，使模糊的视线变得清晰，无须使用眼药水。

（16）古老的农村有一个流传已久的偏方，即可以用茶叶汁来洗涤疮口、溃烂、血脓。茶叶汁既有酒精消毒杀菌的效果，兼具硼酸水的柔和性。它还有解毒的作用，在误服农药后灌上大量的浓茶，会起到相当于洗胃的效果，但又不会有药物洗胃的痛苦。

（17）用喝剩下的茶水抹擦镜子或玻璃器皿，能使所擦的器具光泽明亮，但须注意一定要把水擦干，否则茶水在器具上留下的污渍更不容易擦掉。

（18）如果有人喝酒喝得太多，给他灌上几杯浓茶，便会很快清醒过来。茶碱可以溶解酒精，所含的少量咖啡因是神经中枢兴奋剂，用茶解酒，绝对不会伤害脾胃，而且不会使醉者大量呕吐，发生反胃的痛苦。

（19）患脚气的人所穿的鞋子常有臭味，用卫生纸将茶叶包薄薄一层，当作鞋垫铺在鞋里，不但可以消除臭味，而且还有预防脚气作用。

（20）新买的木质家具如桌椅橱柜之类有刺鼻的油漆味，用茶水彻底清洗一遍，那些油漆味便自然淡去，多洗几次便会消失。

（21）用喝剩下来的茶水擦拭草席等，可以消除汗味，清除灰尘，使之光滑如镜。尤其是酷暑的夏季，用茶水洗一次，躺在上面，会使人神清气爽，悠然入梦。

（22）在茶的所有用途之中，最特别的一种是作为订婚的聘礼之一。在以前的风俗里，男方下聘必须要有茶，受聘的女方叫“受茶”。这样做的原因是“茶树必下干，移植则不生”，其中包含了“从一而终”和“必生贵子”的意义。

（23）用茶叶煮水洗澡，不但可以清除体臭，涤去污垢，而且还有保养皮肤的功效。常用茶水洗澡可以减少皮肤病的发生，使皮肤光泽滑润，柔软如脂，而且无任何刺激。

饮茶宜忌

在中国，饮茶是件很讲究的事情，因为饮茶既有益，也有害，厉害得失，全在是否合理。所谓合理饮茶，就是最有效地发挥饮茶对人体的有益作用，避其不利的一面。饮茶不仅要适味适量，符合身体的需要，还要研究冲泡方法。人们通常会说饮茶有“三宜忌”，即：

（1）一宜现泡现饮

自古以来，人们都习惯了用茶壶泡茶，用茶杯喝茶。做法就是先在茶壶冲泡茶叶，然后将茶汤注入茶杯而饮，古人谓之点茶。而当今饮茶，无论是自饮还是为客人冲泡，不少人都习惯将茶叶直接冲泡在杯内，随杯而饮。但是实际上，这样做是不合理的，因为浸泡时间过长，茶叶的化学成分就起了变化，微量元素也被浸泡出来了。这样得出的茶汤不

仅色、香、味变了质，而且锌、铜、铬等成分累积超过标准，对人们的身体也是有害的。

（2）二宜适量饮茶

饮茶有益健康，这是毫无疑问的。但凡事总要有个度，并不是饮茶越多越好。我国的中医学研究证明，由于饮茶有刺激中枢神经的作用，所以根据各人体质不同，饮茶的利弊也不一，脾胃虚弱者，饮茶不利；脾胃强壮者，饮茶有利。茶中含有咖啡碱，若在人体中积累过多，超过了卫生标准，人就会中毒，神经系统也会被损害，饮茶易失眠的道理即在于此。严重者，还会造成脑力衰退，思维能力降低。一般情况下，每人每天用茶5～10克且分三次泡饮为好，

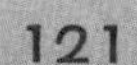

夏季可适量增加。同时，切不可用茶水服药。

（3）三宜适时饮茶

茶的功能之一是助消化，所以在空腹、饭前饮茶都是不好的，因为茶会冲淡胃酸，妨碍消化。最好是在饭后20分钟后饮茶，因为在胃酸消化食物不完善时，饮茶不仅能助消化，还可刺激胃酸继续分泌，起到助消化的作用。茶还有解除疲劳的作用，尤其是在疲劳时喝茶能恢复人的思维能力，促进血液循环。但也因此人们在睡眠前不宜喝茶，尤其不能喝浓茶，否则会造成失眠，因为在饮浓茶后的四五个小时之内，茶仍会对人体发生作用。

第二章

茶 具

在饮茶过程中，有一件东西必不可少——茶具。茶具是我国古代茶文化中的一个重要组成部分，通过探究茶具的兴衰历史，我们可以了解茶文化的历史背景；通过学习茶具的发展过程，我们还可以了解到茶具材料的发展变化。茶具可以分为金属、竹木、瓷器、漆器、陶土、玻璃茶具，每种茶具都既有优点，同时又有缺点。另外，虽然现代社会很多人喝茶，也有很多人看起来似乎很懂茶具，但事实上很多人在茶具的养护方面缺乏正确的知识。本章我们就来为大家介绍一下茶具的起源与改进，分类与养护方面的相关知识。

茶具的起源

茶具，古代亦称茶器或茗器。“茶具”一词最早在汉代已出现，西汉辞赋家王褒的《憧约》中有“烹茶尽具，餔已盖藏”的记载，这是我国历史上最早提到“茶具”的一条史料。

到了唐代，“茶具”一词在唐诗里处处可见，如唐代诗人陆龟蒙在《零陵总记》中说：“客至不限匝数，竞日执持茶器。”唐代诗人白居易在《睡后茶兴忆杨同州诗》中说：“此处置绳床，旁边洗茶器。”唐代文学家皮日休也在《褚家林亭诗》中有“萧疏桂影移茶具”之语。

在宋、元、明几个朝代，“茶具”一词在各种书籍中都可以看到，如《宋史•礼志》中记载：“皇帝御紫哀殿，六参官起居北使……是日赐茶器名果”。宋代皇帝将“茶器”作为赐品，可见“茶具”在宋代是十分名

贵的物品。很多文人墨客都在自己的文学作品中对茶具进行了赞美，如北宋画家文同有“惟携茶具赏幽绝”的诗句，南宋诗人翁卷写有“一轴黄庭看不厌，诗囊茶器每随身”的名句，元朝画家王冕在《吹萧出峡图诗》有“酒壶茶具船上头”的诗句，还有明初号称“吴中四杰”之一的画家徐贲一天晚上邀友人品茗对饮时也趁兴写道：“茶器晚犹设，歌壶醒不敲。”从这些诗句中我们不难看出，无论是唐宋诗人，还是元明画家，他们的笔下经常可以读到有关“茶具”的诗句，说明当时的茶

◆茶 具

具已经成为茶文化中的一个重要组成部分。

皮日休在《茶具十咏》中列出了几种茶具种类，如茶籝、茶灶、茶焙等。其中“茶籝”指的是箱笼一类的器具，陆龟蒙曾写过一首《茶籝诗》，其中有两句：“金刀劈翠筠，织似波纹斜。”从这两句诗中我们可以得知，“茶籝”是一种竹制、编织有斜纹的茶具。

古人煮茶要用火炉（即炭炉），自唐代以来人们将煮茶的炉通称为“茶灶”。《唐书·陆龟蒙传》中说当时陆龟蒙居住松江甫里，不喜与流俗交往，虽造门也不肯见，不乘马，不坐船，整天只是“设蓬席斋，束书茶灶。”宋朝南渡后被誉为“四大家”之一的杨万里在《压波堂赋》中写有“笔床茶灶，瓦盆藤尊”之句。唐诗人陈陶在《题紫竹诗》也写道：“幽香入茶灶，静翠直棋局。”可见，唐宋文人墨客无论是读书还是下棋，都与“茶灶”相傍，又见茶灶与笔床、瓦盆并例，说明自唐代开始，“茶灶”就已经是人们日常生活必备之物了。

古时把烘茶叶的器具叫“茶焙”，如《宋史·地理志》提到“建安有北苑茶焙”。又依《茶录》记载说，茶焙是一种竹编，外面包裹着箬叶（箬竹的叶子），因为箬叶有收火的作

◆紫砂茶具

用，可以避免把茶叶烘黄，茶放在茶焙上，用小火烘制，就不会损坏茶色和茶香了。

除了上述例举的茶具之外，在各种古籍中还提到的茶具有：茶鼎、茶瓯、茶磨、茶碾、茶臼、茶柜、茶榨、茶槽、茶宪、茶笼、茶筐、茶板、茶挟、茶罗、茶囊、茶瓢、茶匙……究竟古代有多少种茶具呢？有人提出，《云溪友议》中有“陆羽造茶具二十四事”的记载，说明古代茶具至少有24种。但是我们要清楚，古代所说的“茶具”与今日我们所说的“茶具”在概念上是有很大不同的，所以并不能等同来看。

◆茶碾

茶具的改进

古人饮茶之前，先要将茶叶放在火炉上煎煮。唐代以前的饮茶方法是先将茶叶碾成细末，加上油膏、米粉等制成茶团或茶饼，饮时捣碎，放上调料煎煮。煎煮茶叶到底起于何时，唐代以来诸家对此一直有争论。有人说煎茶始于魏晋，原因有二，一是宋代欧阳修在《集古录跋尾》中曾说过："于茶之见前史，盖自魏晋以来有之。"二是有人说曾看到魏晋时的《收勘书图》中有"煎茶者"，所以认为煎茶始于魏晋。不过也有人提出，王褒的《僮约》中有"烹茶尽具"之语，可见早在西汉时即已有烹茶茶具。

到了唐代，随着饮茶文化的蓬勃发展，蒸焙、煎煮等技术日益成熟起来。据《画漫录》记载："贞元（公元785年）中，常衮为建州刺史，始蒸焙而研之，谓研膏茶，其后稍为饼样，故谓之一串。"这一时期的茶饼、茶串必须要用煮茶茶具煎煮后才能饮用，这样无疑使茶具进入了一个新型茶具的时代。

宋元明三代，煮茶器具是一种铜制的"茶垆"。据《长物志》记载：宋元以来，煮茶器具叫"茶垆"，亦称"风垆"。再如宋代诗人陆游在《过憎庵诗》中曾说道："茶垆烟起知高兴，棋子声疏识苦心。”而元代著名的茶垆有“姜铸茶垆”，据《遵生八笺》记载：“元时，杭城有姜娘子和平江的王吉二家铸法，名擅当时”，这两家铸法主要精于垆面的拨蜡，使之光滑美观，又在茶垆上有细巧如锦的花纹，“制法仿古，式样可观”“炼铜亦净……或作”。由此可见，元代的茶垆已经非常精制了。到了明朝时，人们普通使用“铜茶垆”，其特点是在做工上讲究雕刻技艺。其中有一种饕餮铜垆在明代最为华贵。“饕餮”是古代一种恶兽名，这种琢刻的兽形一般多见于古代钟鼎彝器上。明代茶垆多重在仿古，雕刻技艺十分突出。

宋元明三代除了煮茶用的茶垆外，还有专门煮水用的“汤瓶”，当时俗称“茶吹”，或“铫子”、“镣子”。最早我国古人煮水多用的是鼎和镬，如据《淮南子·说山训》载：“尝一脔肉，知一镬之味。”高诱注：“有足曰鼎，无足曰镬”。至宋元明时，用鼎、镬煮水的古老方法逐渐被“汤瓶”取代。不过，在明清时期我国南方仍有一些地区把“镬”叫做锅。

过去有些人认为，我国约在元代才出现“泡茶”（即“点茶”）方法，煮水器具也是从元代才变为汤瓶的。但据史料来看，煮水用

◆明代的铜制汤瓶

瓶在南宋时就存在了，南宋罗大经的《鹤林玉露》有记载说：“茶经以鱼目、涌泉、连珠为煮水之节，然近世（指南宋）沦茶，鲜以鼎镬，用瓶煮水，难以候视，则当以声辨一沸、二沸、三沸”。罗大经的意思是，过去（南宋以前）用上口开放的鼎、镬煮水，以便于观察水沸的程度，而改用瓶煮水后，因瓶口小，难以观察到瓶中水沸的情况，只好靠听水声来判断水沸程度。《鹤林玉露》中还说："陆氏（陆羽）之法，以末（指碾碎的茶末）就茶，故以第二沸为合量下末。"陆羽是唐朝人，是《茶经》的作者，被称为我国茶文化兴起的奠基人。他这样一个茶家煮水时使用的是"镬"，而不是"汤瓶"，足以说明唐代还未曾使用"汤瓶"。而宋代文学家苏轼在《煎茶歌》中谈到煮水时说的"蟹眼已过鱼眼生，飕飕欲作松风鸣……银瓶泻汤夸第二、未识古人煎水意"这段诗词则可以作为宋代以来煮水用的是"汤瓶"的一个很好的例证。因此，说元代才开始使用汤瓶煮水显然是不对的。

到了明朝，使用"汤瓶"沦茶煮水更加普遍，而且汤瓶的样式品种也多了许多。从汤瓶所使用的金属种类来分，有锡瓶、铅瓶、铜瓶等。当时茶瓶的形状多为竹筒形，好处在于"既不漏火，又便于点注（泡茶）"。明代还开始使用瓷茶瓶煮水，可是因为"瓷瓶煮水，虽不夺汤气，然不适用，亦不雅观"。所以实际上，明代日常生活中是不用瓷茶瓶的。明朝"茶瓶"中还有一种奇形怪状的作品，如《颂古联珠通集》中所记载的："一口吸尽江南水，庞老不曾明自己，烂醉如泥瞻似天，巩县茶瓶三只

嘴”。这种怪异茶瓶的出现说明了自唐宋以来，中国饮茶茶具取得了非常大的发展。

唐宋以来，饮茶茶具的用料主要是陶瓷，金属类茶具则是很少见的，原因在于从泡出的茶的质量来看，金属茶具远不如陶瓷品，所以是不能登上所谓茶道雅桌的。唐宋以来变化较大的茶具主要有三类：茶壶、茶盏（杯）和茶碗。而这几种茶具又与饮茶文化的兴起有直接关系，所以下面就来分别介绍一下关于这三类茶具的相关知识。

◆茶 壶

（1）茶壶

茶壶在唐代以前就有了。唐代人称茶壶为“注子”，意指从壶嘴里往外倾水。据《资暇录》记载：“元和初（公元806年，唐宪宗时）酌酒犹用樽杓……注子，其形若罂，而盖、嘴、柄皆具。”罂是一种小口大肚的瓶子，唐代的茶壶类似瓶状，腹部大便于装更多的水，瓶口小利于泡茶注水。后人把泡茶叫“点注”，就是根据唐代茶壶有“注子”一名而来。约到唐代末期，人们不喜欢“注子”这个名称，甚至将茶壶柄去掉，所以又把“茶壶”叫做“偏提”。

明代以后，茶道艺术越来越精，对泡茶、观茶色、酌盏、烫壶也越来越讲究，要求越来越高。在这样的情势下，茶具必然也要改革创新，才能满足越来越高的要求。明朝茶壶开始看重砂壶，这就是茶艺的一种新的追求。砂壶泡茶不吸茶香，茶色不损，所以砂壶被视为泡茶佳品。据《长物志》

◆砂 壶

◆茶 盏

载："茶壶以砂者为上，盖既不夺香，又无热汤气。"

（2）茶盏

古代饮茶茶具主要有"茶盏"、"茶椀"（碗）等陶瓷制品。茶盏是古代一种饮茶用的小杯子，是"茶道"文化中必不可少的器具之一。茶盏在唐代以前就已经有了，宋代时开始有"茶杯"之名，如《陆游诗》中说："藤杖有时缘石瞪，风炉随处置茶杯。"

宋代茶盏非常讲究陶瓷的成色，尤其追求"盏"的质地、纹路细腻和厚薄均匀。据宋代蔡襄的《茶录》记载："茶白色、宜黑盏，建安所造者绀黑，纹路兔毫，其杯微厚，熁火，久热难冷，最为要用，出他处者，或薄或色紫，皆不及也。其青白盏，斗试家自不用。”这段史料中提到，若是盛白叶茶，就适宜选用黑色茶盏，说明当时人们已经注意到茶和茶具的搭配关系了。

从这段话中也可以看出宋代对茶盏的质量要求很高，如建安（今福建建瓯）制造的一种稍带红色的绀黑茶盏被时人看作是佳品，而这种茶盏已经精制到“纹路兔毫”的地步了，足见当时陶艺水平之高。

再者看“熁火”。“熁火”之意见《广韵》曰“火气上”，又《集韵》曰“火通也”，熁音协，含烫意。这里的“熁火”实际上指的是茶杯中热气的散发程度，例如在明清时期，江苏的宝应、高邮一带把“熁火”称为“烫手”。而宋代建安生产的“绀黑盏”比其他地区的产品要厚一些，所以捧在手中有“久热难冷”的好处，因此被看作是宋代茶盏中的佳品。

《长物志》中还记录有明朝皇帝的御用茶盏，可以说是我国古代茶盏工艺最完美的代表作。《长物志》中说：“明宣宗（朱瞻基）喜用尖足茶盏，料精式雅，质厚难冷，洁白如玉，可试茶色，盏中第一。”明宣宗

的茶盏形状怪异，可见明代陶艺人思维活跃，对茶具进行了大胆的创新。另外，明朝的第十一代皇帝明世宗（朱厚熜）喜用坛形茶盏，时称“坛盏”，上面特别刻有“金箓大醮坛用”的字样。“醮坛”是古代道士设坛祈祷的场所，因明世宗后期迷信道教，日事“斋醮饵丹药”。他经常在“醮坛”中摆满茶汤、果酒，独自坐醮坛，手捧坛盏，一面小饮一边向神祈求长生不老。不过这种迷信并没有使这位皇帝长寿，他在59岁时就驾崩了。

据史料记载，在明代，定州“白定窑”出产的产品是很贵重的茶盏。在定州，窑瓷茶盏上有素凸花、划花、印花、牡丹、萱草、飞凤等花式，又分红、白两种。时人辨别白定瓷的真

◆定窑系白釉茶盏

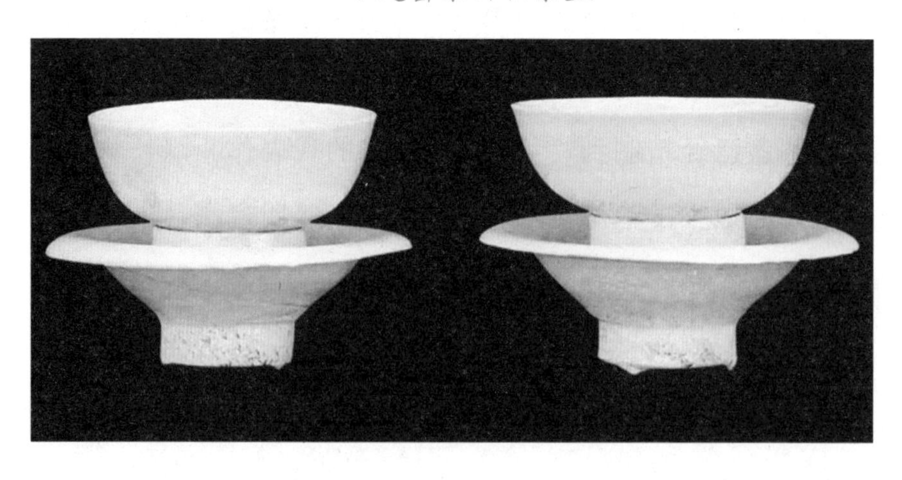

伪，主要从是否白色滋润，或见釉色如竹丝白纹等判定是否真品。因定州瓷色白，故称“粉定”，亦称“白定”。尽管白定窑茶盏色白光滑滋润，但是在明朝白定窑茶盏始终是“藏为玩器，不宜日用”。原因就是古人饮茶时，要“点茶”而饮，点茶前先要用热水烫盏，使盏变热，因为如果盏冷而不热的话，会影响到茶色和茶味。而白定茶盏的缺点正是“热则易损”，即见热易破裂，可谓是好看不好用，所以被明人作为精品玩物收藏。

（3）茶碗

碗，古称“椀”或“盌”。先秦时期，又有“榶盂”一名。《荀子》说：“鲁人以榶，卫人用

◆茶 碗

柯”（原注：盌谓之糖，盂谓之柯）。《方言》又说：“楚、魏、宋之间，谓之盂。”可见椀、盌、糖、柯都是一种形如凹盆状的生活用品，所以古人称“盂”。

在唐宋时期，用于盛茶的碗叫“茶糖”（碗）。茶碗比吃饭用的更小，这种茶具的用途在唐宋时期的很多诗词中都有出现。如唐代白居易的《闲眠诗》中云：“昼日一餐茶两碗，更无所要到明朝。”诗人一餐要喝两碗茶，可见古时的茶碗应该不会很大。韩愈在《孟郊会合联句》中说：“云纭寂寂听，茗盌纤纤捧”。纤纤多用来形容纤细，所以唐代茶碗确实不大这一点是可以肯定的，而且也不是圆形的。

茶具的分类

茶具，按其狭义的范围是指茶杯、茶壶、茶碗、茶盏、茶碟、茶盘等饮茶用具。我国的茶具，种类繁多，造型优美，除实用价值外，也有颇高的艺术价值，因而驰名中外，为历代饮茶爱好者青睐。由于制作材料和产地不同，中国茶具可分为金属茶具、竹木茶具、瓷器茶具、漆器茶具、陶土茶具、玻璃茶具和等几大类。

金属茶具

金属茶具指的是由金、银、铜、铁、锡等金属材料制作而成的茶具。

金属器具是我国最古老的日用器具之一，早在公元前18世纪至公元前221年秦始皇统一中国之前的1500年间，青铜器就得到了广泛的应用。先人将青铜制作成盘子来盛水，制作成爵、尊来盛酒，同时这些青铜器皿也可以用来作为盛茶的器具。自秦汉至六朝，茶叶作为饮料渐成风尚，茶具也逐渐从与其他饮具共用中分离出来。

大约到南北朝时，我国出现了包括饮茶器皿在内的金银器具。到隋唐时，金银器具的制作达到高峰。20世纪80年代中期，陕西扶风法门寺出土了一套由唐僖宗供奉的镏金茶具，堪称金属茶具中罕见的稀世珍宝。但从宋代开始，古人对金属茶具的评价变得褒贬不一。元代以后，特别是从明代开始，伴随着茶类的创新，饮茶方法的改变，以及陶瓷茶具的

◆龙凤镏金茶具

◆纯银鎏金酥油茶壶

兴起，使得包括银质器具在内的金属茶具逐渐消失。尤其是用锡、铁、铅等金属制作的茶具，因为用它们来煮水泡茶会使“茶味走样”，所以使用它们泡茶的人变得越来越少。但使用金属贮茶器具的人却越来越多，比如锡瓶、锡罐等，这是因为金属贮茶器具的密闭性比纸、竹、木、瓷、陶等好，具有较好的防潮、避光性能，利于散茶的保藏。因此，用锡制作的贮茶器具至今仍流行于世。

竹木茶具

隋唐以前，我国的饮茶风尚虽已得到了广泛的推广，但仍属粗放饮茶。当时民间的饮茶器具，除陶瓷器外，多为竹木制成。这种茶具来源广，制作方便，对茶无污染，对人体无害，因此自古至今一直广受爱茶人士的欢迎。但这种茶具也有一个缺点，就是不能长时间使用，也无法长久保存，所以没有文物价值。

◆竹木茶具

清代四川出现了一种竹编茶具，它既是一种工艺品，又有实用价值，主要品种有茶杯、茶盅、茶托、茶壶、茶盘等，多为成套制作。竹编茶具由内胎和外套组成，内胎多为陶瓷类饮茶器具，外套用精选慈竹，经劈、启、揉、匀等多道工序，制成粗细如发的柔软竹丝，经烤色、染色，再按茶具内胎形状、大小编织嵌合，使之成为整体如一的茶具。这种茶具不但外表色调和谐，美观大方，并且其外套能保护内胎，减少损坏，泡茶后不易烫手，还具有很

◆竹木茶壶

高的艺术欣赏价值。

瓷器茶具

一般来说，瓷器生产从我国魏晋南北朝时期开始出现飞跃发展，从隋唐开始进入一个发展的繁荣阶段，宋代的制瓷工艺技术更是独具风格，名窑辈出。瓷器工艺的发展，在很大程度上也促进了中国瓷茶具的发展。中国瓷器茶具主要可以分为四

◆青瓷茶具

类：青瓷茶具、白瓷茶具、黑瓷茶具和彩瓷茶具。

（1）青瓷茶具

中国所有的青瓷茶具中，以浙江生产的质量为最佳。我国早在东汉年间便已开始生产色泽纯正、透明发光的青瓷了，晋代浙江的越窑、婺窑、瓯窑的青瓷生产已具备了相当的规模。到了宋代，当时的五大名窑之一的浙江龙泉哥窑生产的青瓷茶具已达到了很高水平，产品销往全国各地。明代的青瓷茶具更以其质地细腻，造型端庄，釉色青莹，纹样雅丽而蜚声海内外。16世纪末，龙泉青瓷出口法国，轰动整个法兰西，被视为稀世珍品。这种茶具除了具备瓷器茶具的众多优点外，还因其色泽青翠，用来冲泡绿茶更有益汤色之美，受到了大众的欢迎。不过，如果用它来冲泡红茶、白茶、黄茶、黑茶的话，效果就不是那么好了。

（2）白瓷茶具

白瓷茶具拥有坯质致密透明，上釉、成陶火度高，无吸水性，音清而韵长等特点。其色泽洁白，能反映出

◆白瓷茶具

茶汤色泽，传热、保温性能适中，加之色彩缤纷，造型各异，被认为是饮茶器皿中的珍品。早在唐代时，河北邢窑生产的白瓷器就已经是“天下无贵贱通用之”了。到了元代，江西景德镇生产的白瓷茶具就已远销海外，受到了极大欢迎。这种白瓷茶具适合冲泡各类茶叶，而且造型精巧，装饰典雅，其外壁多绘有山川河流、四季花草、飞禽走兽、人物故事，或缀以名人书法，又颇具艺术欣赏价值，因此使用最为普遍。

（3）黑瓷茶具

黑瓷茶具始于晚唐，鼎盛于宋，延续于元，衰微于明清，这是因为自宋代开

◆黑瓷茶具

始，饮茶方法已由唐时的煎茶法逐渐改变为点茶法，而宋代流行的斗茶又为黑瓷茶具的崛起创造了条件。

宋人在衡量斗茶的效果主要看两点，一是看汤花色泽和均匀度，以“鲜白”为先；二是看汤花与茶盏相接处水痕的有无和出现的迟早，以“盏无水痕”为上。宋代祝穆在《方舆胜览》中说：“茶色白，入黑盏，其痕易验”，所以宋代的黑瓷茶盏就成了当时瓷器茶具中的最大品种。福建建窑、江西吉州窑、山西榆次窑等都因能够大量生产黑瓷茶具而成为了黑瓷茶具的主要产地。在所有生产黑瓷茶具的窑场中，建窑所产的“建盏”最受好评。建盏采用的独特配方在烧制过程中使釉面呈现兔毫条纹、鹧鸪斑点、日曜斑点，一旦茶汤入盏，便能放射出五彩纷呈的点点光辉，增加了斗茶的情趣。

（4）彩瓷茶具

彩色茶具的品种花色很多，其中尤以青花瓷茶具最引人注目。青花瓷茶具的特点是花纹蓝白相映成趣，色彩淡雅，令人赏心悦目。而且彩料之上涂了釉质，使青花瓷茶具更显滋润明亮，魅力大增。不过，青花瓷茶具刚开始只有少量生产，直到元代中后期才开始成批生产，而景德镇因其生产的青花瓷茶具质地优良，外形优

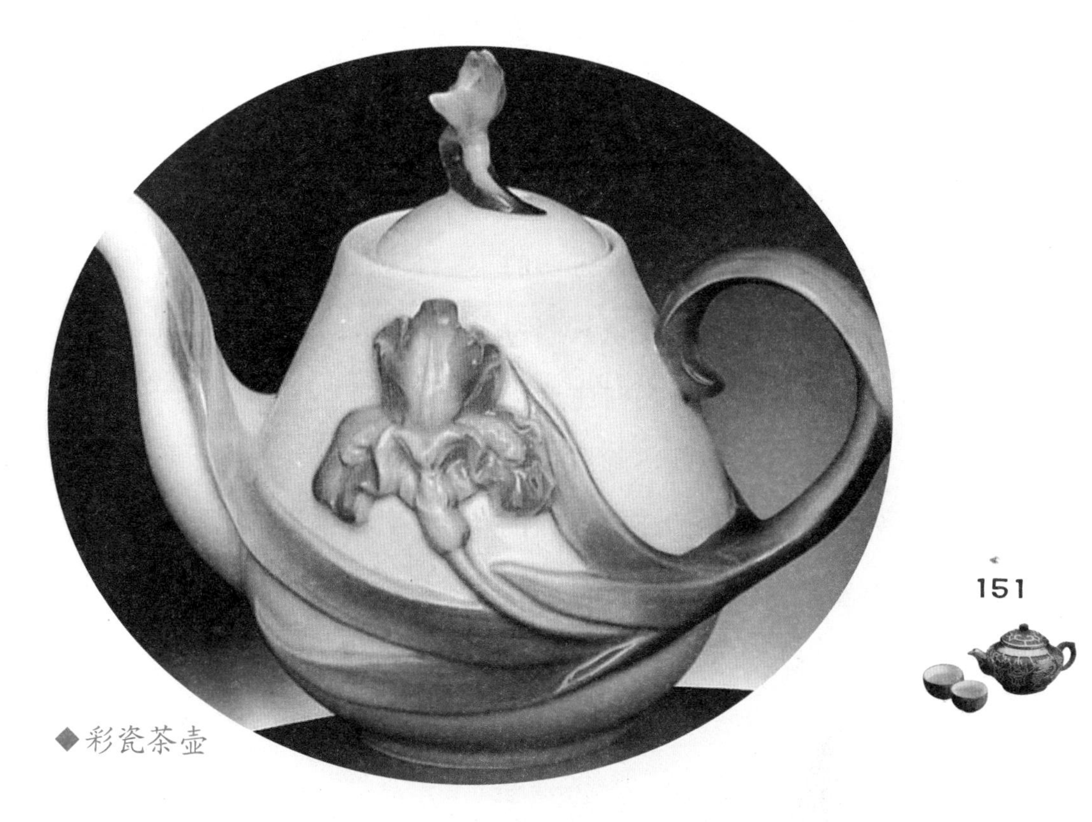
◆彩瓷茶壶

美，逐渐成为我国青花瓷茶具的主要生产地。青花瓷茶具的制作过程中融入了中国传统绘画技法，绘画工艺水平之高可以说是元代绘画的一大成就。

明代，景德镇生产的诸如茶壶、茶盅、茶盏等青花瓷茶具的花色品种越来越多，质量也越来越高，器形、造型、纹饰等都为全国之最，成为其他生产青花茶具窑场竞相模仿的对象。清代，特别是康熙、雍正、乾隆时期，青花瓷茶具又进入了一个历史高峰。其中康熙年间烧制的青花瓷器具，更是被称为“清代之最”。

总之在明清时期，制瓷技术的提高以及饮茶方法的改变，都使青花瓷茶具获得了迅猛的发展。当时生产青花瓷茶具的地区，除景德镇外，较有影响的还有江西的吉安、乐平，广东的潮州、揭阳、博罗，云南的玉溪，四川的会理，福建的德化、安溪等地。此外，全国还有许多地方生产“土青花”茶具供民间饮茶使用。

漆器茶具

很早以前，我国先人就开始采割天然漆树液汁进行

◆漆器茶具

炼制，并在炼制的过程中掺进所需色料，制成各种绚丽夺目的器件。我国漆器的历史非常悠久，在距今约7000年前的浙江余姚河姆渡文化中，就有可用来作为饮器的木胎漆碗。不过，在很长的一段历史发展时期中，作为供饮食用的漆器，包括漆器茶具在内，一直未形成规模生产。

秦汉以后，有关漆器的文字记载不多，存世之物更属难觅。直到清代，由福建福州制作的脱胎漆器茶具引起了当时人们的关注。脱胎漆茶具的制作精细复杂，先要按照茶具的设计要求，做

◆脱胎漆茶碗

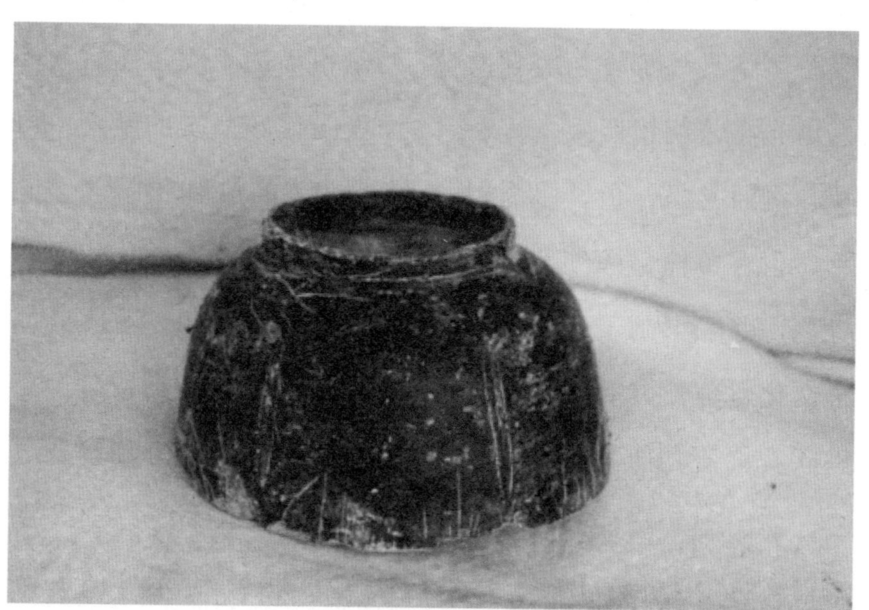

出木胎或泥胎模型，上面用夏布或绸料以漆裱上，再连上几道漆灰料，然后脱去模型，再经填灰、上漆、打磨、装饰等多道工序，才最终制成古朴典雅的脱胎漆茶具。

◆陶土茶具

脱胎漆茶具通常是一把茶壶连同四只茶杯，存放在圆形或长方形的茶盘内。脱胎漆茶具外形轻巧美观，色泽光亮，明镜照人，壶、杯、盘通常呈一色，多为黑色，也有黄棕、棕红、深绿等色，并融书画于一体，饱含文化意蕴，具有很高的艺术欣赏价值。而且它不怕水浸，能耐温、耐酸碱腐蚀，有很高的实用性。

陶土茶具

陶土器具是我国在新石器时代的一项重要发明。最初是粗糙的土陶，然后逐步演变为比较坚实的硬陶，再发展为表面敷釉的釉陶。

提到陶器中的佼佼者，当然非宜兴紫砂茶具莫属了。早在北宋初期，紫砂茶具就已经出现，并逐渐发展为独一无二的优秀茶具，明代更是广泛流行，被奉为

◆紫砂茶具

珍品。明代文震亨在《长物志》中载曰："壶以砂者为上，盖既不夺香，又无熟汤气。"清代吴骞在《桃溪客语》中说："阳羡（即宜兴）瓷壶自明季始盛，上者与金玉等价。"其名贵由此可见一斑。

紫砂茶具和一般陶器不同，它是采用当地的紫泥、红泥、团山泥抟制焙烧而成，里外都不敷釉。它成陶火温较高，烧结密致，胎质细腻，既不渗漏，又有肉眼看不见的气孔，经久使用，还能吸附茶汁，蕴蓄茶味。

它传热不快，不致烫手。热天盛茶，不易酸馊；冷热剧变，也不会破裂。必要时，还可以将其直接放于炉灶上煨炖。同时，紫砂茶具造型简练大方，色调淳朴古雅，外形多变，有似竹节、莲藕、松段的，也有仿商周古铜器形状的，具有很高的艺术欣赏价值。

明代嘉靖、万历年间，先后出现了两位卓越的紫砂工艺大师——龚春（供春）和时大彬。龚春幼年曾是进士吴颐山的书僮，他天资聪慧，虚心好学，在随主人陪读于宜兴金沙寺期间，闲时常帮寺里的老和尚抟坯

◆龚春壶

制壶。传说当时寺院里有参天银杏数，盘根错节，树瘤多姿。他朝夕观赏，并摹拟树瘤，捏制出了独特的树瘤壶。这种壶造型独特，非常生动。老和尚见了以后对他大加赞赏，便把平生制壶技艺倾囊相授，使他最终成为历史上著名的制壶大师。供春所制的茶壶被时人称为“供春壶”，它造型新颖精巧，质地薄而坚实，有“供春之壶，胜如金玉”的美誉。而时大彬是龚春的徒弟，他的作品多为小壶，点缀在精舍几案之上，更加符合饮茶品茗的趣味。当时有人对他的小壶十分推崇，并作诗赞美：“千奇万状信手出”，“宫中艳说大彬壶”。

清代，紫砂茶具在前人的基础上又取得了更大的发展，其中以清初的陈鸣远和嘉庆年间的杨彭年制作的茶壶最为著名。陈鸣远制作的茶壶线条清晰，轮廓明显，壶盖有行书“鸣远”印

◆陈鸣远紫砂壶

◆曼生壶

章，如今被视为收藏珍品。而杨彭年的制品雅致玲珑，不用模子，随手捏成，天衣无缝，被人推为“当世杰作”。当时有位江苏溧阳知县陈曼生，此人癖好茶壶，工于诗文、书画、篆刻，曾特意到宜兴和杨彭年配合制壶。由陈曼生设计，杨彭年制作，再由陈氏镌刻书画，其作品世称“曼生壶”，历来为鉴赏家们争相收藏的珍品。

清代宜兴紫砂壶壶形和装饰变化多端，千姿百态，在国内外均受欢迎，当时我国闽南、潮州一带煮泡功夫茶所使用的小茶壶几乎全为宜兴紫砂器具，17世纪，中国的茶叶和紫砂壶同时由海船传到西方，西方人称之为“红色瓷器”。

近年来，紫砂茶具有了更大的发展，新品种不断涌现，比如“横把壶”就是专为日本消费者设计的艺术茶具。这种壶按照日本人的喜好，在壶面上刻写上精美的佛经文字，成为日本消费者的品茗佳具。另外还有一种深受群众欢迎的新产品——紫砂双层保温杯。由于紫

◆横把壶

◆宜兴紫砂壶鎏金

砂泥质地细腻柔韧，可塑性强，渗透性好，所以使用这种双层保温杯泡茶有色香味皆蕴，夏天不易变馊的特性。这种杯的容量为250毫升，因为是双层结构，所以传热慢，开水入杯不烫手，而且保温时间长。

在紫砂壶上雕刻花鸟、山水和各体书法，始自晚明而盛于清嘉庆以后，并逐渐成为紫砂工艺所独具的艺术装饰。有不少著名的诗人、艺术家都曾在紫砂壶上亲笔题诗刻字。《砂壶图考》中曾记载说郑板桥曾自制一壶，并亲笔刻诗云："嘴尖肚大耳偏高，才免饥寒便自豪。量小不堪容大物，两三寸水起波涛"。古往今来的紫砂壶艺人们采用传统的篆刻手法，把绘画和正、草、隶、笼、篆各种装饰手法施用在紫砂陶器上，使之成为观赏和实用巧妙结合的产品。

玻璃茶具

玻璃，古人称之为流璃或琉璃，是一种有色半透明的矿物质。用这种材料制成的茶具，能给人以色泽鲜艳，光彩照人之感。我国的琉璃制作技术虽然起步较早，但琉璃茶具却并非很早就出现了。直到唐代，随着中外文化交流的增多，西方琉璃器不断传入，我国才开始烧制琉璃茶具。陕西扶风法门寺地宫出土的由唐僖宗

◆玻璃茶壶

◆唐代琉璃茶具

供奉的素面圈足淡黄色琉璃茶盏和素面淡黄色琉璃茶托就是地道的中国琉璃茶具，虽然造型原始，装饰简朴，质地显混，透明度低，但在当时堪称珍贵之物，也表明我国的琉璃茶具在唐代已经起步。

近代，随着玻璃工业的兴起，玻璃茶具很快出现。玻璃质地透明，光泽夺目，可塑性大，因此用它制成的茶具形态各异，用途广泛，加上其价格低廉，购买方便，因而受到了饮茶人的广泛好评。

茶具的养护

现实中提到茶具的养护，很多人都会觉得这有什么难的，不就是洗洗擦擦吗？其实，茶具的养护是很有讲究的。正确的养护方法会使茶具日久弥新，而且泡茶喝茶的感觉越来越好。而错误的养护方法虽一时看不出什么问题，但时间一久，茶具就会变得越来越难看，而且泡茶喝茶的效果也会越来越差。

四种不科学的养壶法

（1）包浆法

有人经常会在泡茶时将茶汁淋在壶上，且不擦不刷。他们自认为壶多淋几下，就能多吸收一些营养。殊不知，长此以往，壶就会被一层茶垢包起来，壶的表面也会变得腻黑而无美感。

（2）干擦法

这种做法是在泡茶时趁着壶身热将茶汁淋在壶身

上，等茶汁倾倒出后，再用干茶巾来回擦拭。用这种方式养的壶，变亮较快，但养成后最怕人的手气、水气。一旦人的手气和水气沾到了壶面，养成的光泽就很容易褪去，导致壶面光泽不匀，变得斑斑点点，很难看。

（3）湿擦法

采用这种养壶法的人通常是在壶身热时用茶巾沾茶水擦拭壶身，不断地推搓，使壶变亮。这种方法就好像擦皮鞋，将茶汁一层一层擦

◆紫砂壶

在上面。用这种方法养亮的壶效果不能持久，如果久置半年以上不用，壶的光泽就会逐渐褪去。

（4）勤刷法

这种养壶法是在泡茶时将茶水均匀淋在壶上，趁壶热吸收之际，用毛笔或小刷子勤加刷洗。这种方法就好像刷皮鞋，养出来的光泽是一种假亮，根本不能持久。

紫砂壶的养护

紫砂壶是喝茶人的珍宝，但要真正养好紫砂壶，使紫砂壶表现出真正的个性，就要采用正确的养壶方法。具体可分以下六点：

（1）彻底将壶身内外洗净

无论是新壶还是旧壶，养之前都要把壶身上的蜡、油、污、茶垢等清除干净。

（2）切忌沾到油污

紫砂壶最忌油污，沾到后必须马上清洗干净，否则土胎吸收不到茶水，会留下油痕。

（3）实实在在地泡茶

泡茶次数越多，壶吸收的茶汁就越多，吸收到一定程度后，茶汁就会透到壶表，使壶发出润泽如玉的光芒。

（4）擦与刷要适度

壶表淋到茶汁后，用软毛小刷子将壶中的积茶刷掉，用开水冲净，再用清洁的茶巾稍加擦拭即可，切忌不断地推搓。

◆紫砂壶

（5）使用完毕要清理晾干

泡茶完毕，要将茶渣清除干净，以免产生异味，否则就需要重新整理了。

（6）让壶有休息的时间

勤泡一段时间后，茶壶需要休息，使土胎得以自然彻底干燥，再使用时吸收的效果会更好。

按这六步养亮的壶，虽养成的速度较慢，但亮度可持久。此外，泡功夫茶所用的冲罐（茶壶）并非买来就可以使用，而是需要先以茶水“养壶”。一把小壶，须先以“洗茶”（即泡茶时的第一道茶）之水频频倒入其中，养上三月有余，方可正式使用。

茶具的养护看起来简单，实则复杂，需要耐心。不过只要能够持之以恒，壶定然会越养越好，越养越亮。用自己精心养护的壶泡茶，人的心情也会变得更加愉悦，品茶时也会感到茶香扑鼻，回味悠长。

第三章

茶道

“茶道”是一种以茶为媒的生活礼仪，也被认为是修身养性的一种方式，它通过沏茶、赏茶、饮茶，可以增进友谊、美心修德、学习礼法，是很有益的一种和美仪式。茶道起源于中国，在长期的发展过程中，人们对茶道进行了很多研究，也归纳出了茶道四谛：和、静、怡、真。这四种精神反映了茶道的追求，也为日本茶道精神的形成和发展提供了基础。在中国有四大茶道：贵族茶道、雅士茶道、禅宗茶道、世俗茶道。不同茶道，茶人的身份地位不同，茶道的宗旨和追求也不同。本章我们就来介绍茶道、茶道四谛以及中国四大茶道的相关知识。

中国人视“道”为体系完整的思想学说，是宇宙、人生的法则、规律，所以，中国人从不轻易言道，正所谓“道可道，非常道”。中国不像日本——茶有茶道，花有花道，香有香道，剑有剑道，连摔跤、搏击也有柔道。在中国饮食、玩乐诸活动中，唯一能升华为“道”的只有茶。

茶道最早起源于中国，因为中国人至少在唐或唐以前，就在世界上首先将茶饮作为一种修身养性之道。唐朝《封氏闻见记》中有过这样的记载：“茶道大行，王公朝士无不饮者。”这是我国现存文献中对茶道的最早记载。在唐朝，寺院僧众念经坐禅，皆以茶为饮，清心养神。当时的社会上很流行一种叫茶宴的宴会，即宾主在以茶代酒、文明高雅的社交活动中，品茗赏景，各抒胸臆。

中国人饮茶有“清饮”一说，而“清饮”又分为四个层次：一是将茶当饮料解渴，大碗海喝，称之为“喝茶”；二是注重茶的色香味，讲究水质茶具，喝的时候又能细细品味，称之为“品茶”；三是讲究环

境、气氛、音乐、冲泡技巧及人际关系等，称之为“茶艺”；四是在茶事活动中融入哲理、伦理、道德，通过品茗来修身养性、陶冶情操、品味人生、参禅悟道，达到精神上的享受和人格上的熏陶与提升，这才是中

国人所说的饮茶的最高境界——茶道。

茶道不同于茶艺，它不但讲求表现形式，而且注重精神内涵。有的中国学者认为，中国茶道有“四谛”——清、敬、怡、真。所谓“清”，是指“情洁”、“清廉”、“清静”、“清寂”，即茶艺的真谛不仅要求事物外表之清，更需要心境清寂、宁静、明廉、知耻；所谓“敬”，即尊重他人，对己谨慎；所谓“怡”，是欢乐怡悦；所谓“真”，是真理之真，真知之真。换言之，饮茶的真谛在于启发智慧与良知，使人的生活处于一种淡泊明志、俭德行事，臻于真、善、美的境界。

当然，也有一些学者对茶道的基本精神持不同的观点，其中最具代表性的有两位：一位是中国茶学泰斗庄晚芳，他认为中国茶道的精神是“廉、美、和、敬”，他的解释是：“廉俭育德，美真康乐，和诚处世，敬爱为人”。另一位是“武夷山茶痴”林治先生，他认为“和、静、怡、真”才是中国茶道的四谛，因为“和”是中国茶道哲学思想的核心，是茶道的灵魂；“静”是中国茶道修习的必备法宝；“怡”是中国茶道修习实践中的心灵感受；而“真”则是中国茶道最终追求。

南宋绍熙二年（1191年），日本僧人荣西首次将茶种从中国带回日本，从此日本开始遍种茶叶。南宋末（1259年），日本南浦昭明禅师来到我国浙江省余杭县的经山寺求学取经，学习了该寺院的茶宴仪程，首次将中国的茶道引进日本，成为中国茶道在日本的最早传播者。到了日本丰臣秀吉时代（1536—1598年），千利休成为日本茶道高僧，他高高举起了“茶道”这面旗帜，并总结出茶道四规，或称茶道四则、四规，即“和、敬、清、寂”。“和”不仅强调主人对客人要和气，客人与茶事活动也要和谐；“敬”表示相互承认，相互尊重，并做到上下有别，有礼有节；“清”要求人、茶具、环境都必须清洁、清爽、清楚，不能有丝毫的马虎；“寂”指整个的茶事活动要安静，神情要庄重，主人与客人都要怀着严肃的态度，不苟言笑地完成整个茶事活动。很显然，这个基本理论是受到中国茶道“和、静、怡、真”精髓的影响而形成的，其主要的仪程框架规范仍源于中国。

中国茶道四谛

“和”

“和”是中国茶道的核心。“和”不仅强调主人对客人要和气，客人与茶事活动也要和谐。

茶道所追求的“和”源于《周易》中的“保合大和”。“保合大和”指的是世间万物皆有阴阳两要素构成，阴阳协调，保全大和之元气以普利万物才是人间正道。陆羽在《茶经》中对此论述得很明白，他指出，风炉用铁铸从“金”；放置在地上从“土”；炉中烧的木炭从“木”；木炭燃烧从“火”；风炉上煮的茶汤从“水”。因此，煮茶的过程就是金木水火土相生相克并达到和谐平衡的过程。可见，五行调和的理念是中国茶道的哲学基础。

儒家从“大和”的哲学理念中推出了“中庸之道”的“中和”思想。在儒

家眼里，和是中，和是度，和是宜，和是当，和是一切恰到好处，无过亦无不及。儒家对和的诠释，在茶道活动中表现得淋漓尽致，比如在泡茶时表现为“酸甜苦涩调太和，掌握迟速量适中”的中庸之美；在待客时表现为“奉茶为礼尊长者，备茶浓意表浓情”的明礼之伦；在饮茶过程中表现为“饮罢佳茗方知深，赞叹此乃草中英”的谦和之礼；在品茗的环境与心境方面则表现为“普事故雅去虚华，宁静致远隐沉毅”的俭德之行。

“静”

“静”是中国茶道之径。中国茶道是修身养性，追寻自我之道，而“静”则是中国茶道修习的必由途径。通过“静”，可以透过小小的茶壶体悟宇宙的奥秘，可以在淡淡的茶汤中品位人生，可以在茶事活动中明心见性，可以通过茶道的修习来涤荡精神，锻炼人格，超越自我。

老子说：“至虚极，守静笃，万物并作，吾以观其复。夫物芸芸，各复归其根。归根曰静，静曰复命”，庄子说：“水静则明烛须眉，平中准，大匠取法焉。水静伏明，而况精神。圣人之心，静，天地之鉴也，万物之镜”。老子和庄子所启示的“虚静观复”是人们明心见性，洞察自然，

反观自我，体悟道德的无上妙法。而茶道中的“茶须静品”思想正是道家这种“虚静观复”的演化形式。

总之，当茶的清香静静地浸润着饮者的心田和肺腑的每一个角落时，饮者的心灵便会在虚静中显得空明，饮者的精神会在虚静升华净化，从而使得饮者在饮茶的虚静中与大自然融汇，达到“天人合一”的至高境界。

“怡”

“怡”是中国茶道的情趣。所谓“怡”，即和悦、愉快之意。在饮茶过程中，饮者可以于清茶淡香中使自己的身心得到一种茶香蒸熏的享受。不过，虽然古今有不计其数的人推崇茶道，但不同的人讲茶道的目的都不一样。比如历史上很多王公贵族都崇尚茶道，但他们所崇尚的是“茶之珍”，意在炫耀权势，夸示富贵，附庸风雅；文人学士讲茶道重在“茶之韵”，意在托物寄怀，激扬文思，交朋结友；佛家讲茶道重在“茶之德”，意在去困提神，参禅悟道，见性成佛；道家讲茶道重在“茶之功”，意在品茗养生，保生尽年，羽化成仙；普通老百姓讲茶道，重在“茶之味”，意在去腥除腻，涤烦解渴，享受人生。

不过，虽然追求不同，但有一点是相同的，即任何人都可以在茶事活动中取得

生理上的快感和精神上的畅适。中国茶道具有怡悦性，饮者可抚琴歌舞，可吟诗作画，可观月赏花，可论经对弈，可独对山水，可翠娥捧瓯，可潜心读《易》，亦可置酒助兴。儒生可“怡情悦性”，羽士可“怡情养生”，僧人可“怡然自得”。中国茶道的这种怡悦性也成为中国茶道区别于强调“清寂”的日本茶道的根本标志之一。

“真”

“真”是中国茶道的终极追求。中国人不轻易言“道”，而一旦论道，就会变得执著于“道”，追求于“真”。

中国茶道在从事茶事时所讲究的“真”，不仅包括茶应是真茶、真香、真味，还包括饮茶环境最好是身处真正的山水之中。同时还追求如下方面的真境界，比如，挂的字画最好是名家的真迹；用的器具最好是真竹、真木、真陶、真瓷。还包含了对人要真心，敬客要真情，说话要真诚，心境要真闲。也就是说，茶事活动的每一个环节都要认“真”，每一个环节都要求“真”。

中国茶道追求的“真”有三重含义：一是追求道之真，即通过茶事活动追求对“道”的真切体悟，达到修身养性，品味人生之目的；

二是追求情之真，即通过品茗述怀，使茶友之间的真情得以发展，达到饮茶者之间互见真心的境界；三是追求性之真，即在品茗过程中，真正放松自己，在无我的境界中去释放自己的心灵，放纵自己的天性，达到“全性葆真”。总之，中国茶道的求真，可以使悟得茶道真谛的饮者爱护生命，珍惜生活，从而使自己的身心更健康，更畅适，让自己的一生过得更真实，更愉快，这也是中国茶道追求的最高层次。

中国四大茶道

因饮者身份和文化背景的不同，中国茶道分成了四大流派，即贵族茶道、雅士茶道、禅宗茶道和世俗茶道。贵族茶道生发于“茶之品”，旨在夸示富贵；雅士茶道生发于“茶之韵”，旨在艺术欣赏；禅宗茶道生发于“茶之德”，旨在参禅悟道；世俗茶道生发于“茶之味”，旨在享乐人生。

贵族茶道

贵族茶道由贡茶演化而来。茶列为贡品的记载最早见于晋代常据著的《华阳国志•巴志》，周武王联合当时居住川、陕、部一带的庸、蜀、羡、苗、微、卢、彭、消几个国家共同伐纣，凯旋而归。此后，巴蜀之地所产的茶叶便正式列为朝廷贡品。

茶列为贡品，从客观上

讲是抬高了茶叶作为饮品的身价，推动了茶叶生产的大发展，从而促使了一大批名茶的出现。因为中国封建社会是皇权社会，皇家的好恶是最能影响全社会习俗的。

但茶虽为洁品，一旦进入宫廷，也便失去了其原本质朴的品格和济世活人的德行。茶之灵魂被扭曲，陆羽所创立的茶道生出了一个畸形的贵族茶道。为了满足达官贵人的畸形心理，茶从此成了坑民之物。当时为了贡茶，男废耕，女废织，夜不得息，昼不得停，人民生活陷入困苦境地。

贵族茶道的茶人是达官贵人、富商大贾、豪门乡绅之流，他们不追求诗词歌赋、琴棋书画，但茶一定要贵，显得有地位；人一定要富，得有万贯家私。他们讲的茶道，要求的是“精茶、真水、活火、妙器”必须是“高品位”。他们期望用“权力”和“金钱”来达到夸示富贵的目的，似乎不这样做的话便会有损“皇权至上”的权威，有负“金钱第一”的名望。

在我们今天看来，贵族茶道确实有很多违背情理的地方，但我们仍然不得不承认它的存在价值，因为它有着深刻的文化背景。正因如此，这一茶道流派一直香火绵延，如今已成为中国茶道流派中的重要一支，代表就是源于明清但至今仍在流传的闽潮功夫茶。

雅士茶道

中国古代的“士”和茶有着不解之缘，可以说没有古代的士便没有中国茶道。文人的参与，使茶艺逐渐成为一门艺术，成为一种文化。文人又将这门特殊的艺能与文化、修养、教化紧密结合，从而形成了雅士茶道。受其影响，又形成了其他几个流派。所以说是中国“士”创造了中国茶道，原因就在此。

这里所说的“士”指

◆雅士茶道

的是已久仕的士，即已谋取功名捞得一官半职者，或官或吏。最低也是个拿一份工资的学差，这样最起码能保证温饱，而后才能有机会吟诗作赋、参悟茶道。这些“士”中当然不包括范进之类中举就患上精神病的腐儒，也不包括严监生之类为多了一根灯草而死活咽不下最后一口气的庸儒。此外，那些笃实好学但又囊空如洗的寒士亦不在此之列。

中国文人嗜茶在魏晋之前并不多见，早期的诗文中涉及茶事的汉有司马相如，晋有张载、左思、郭噗、张华、杜育，南北朝有鲍令晖、刘孝绰、陶弘景等，人数寥寥，而且懂品饮者也仅三、五人而已。但自唐代以后这种情况便大不一样了，凡是著名的文人几乎没有不嗜茶的，他们不仅懂品饮，还经常写诗来对茶进行歌咏。唐代写茶诗最多的是白居易、皮日休、杜牧，还有李白、杜甫、陆羽、卢仝、孟浩然：刘禹锡、陆龟蒙等；宋代写茶诗最多的是梅尧臣、苏轼、陆游，还有欧阳修、蔡襄、苏辙、黄庭坚、秦观、杨万里、范成大等。

有人对这一转变的原因进行研究后发现，原来魏晋之前的文人多以酒为友，如魏晋名士“竹林七贤”，一个中山涛有八斗之量，刘伶更是拼命喝酒，“常乘一鹿

车，携酒一壶，使人荷铺随之，云：死便掘地以埋”。而唐代以后的文人颇不赞同魏晋所谓的“狂放啸傲、栖隐山林、向道慕仙”的文人作风，人人有“入世”之想，希望能够在仕途上一展所学，留名千秋。因此，这时的文人作风就变得冷静而且务实，以茶代酒便成为一种时尚。这一转变的背后其实有其深刻的社会原因和文化背景，是历史的发展把中国的文人推到了茶道的主角这个位置。

而且事实证明，中国文人是能胜任这一角色的：一则，他们多有一官半职，特别是在茶区任职的州府和县两级的官吏近水楼台先得月，因职务之便可大品名茶。虽说贡茶以皇帝为先，但事实上他们比皇帝还要“先”。二则，他们在品茗中逐渐培养了对茶的精细感觉，因此他们大多都是品茶专家。既然“穷春秋，演河图，不如载茗一车”，茶中自有“黄金屋”，茶中自有“颜如玉”，当年为功名头悬梁、锥刺股的书生们而今全身心投入到茶事中，所以他们要比别人更通晓茶艺。而且他们在实践中不断改进茶艺，并著之以文，对茶艺的传播起到了极大的推动作用。三则，茶比酒更助文思，益于吟诗作赋。李白可以“斗酒诗百篇”，但一般人根本做不到，喝得酩酊大醉，头脑发胀，手难握笔，还何谈写诗？但茶不一样，它可以令人思涌神爽，笔下生花。正如元代贤相、诗人耶律楚材在《西域从王君玉乞茶因其韵》中所言：

啜罢江南一碗茶. 枯肠历历走雷车。

黄金小碾飞琼雪，碧玉深瓯点雪芹。

笔阵兵陈诗思奔，睡魔卷甲梦魂赊。

精神爽逸无余事，卧看残阳补断霞。

茶助文思，从而兴起了品茶文学、品水文学，还有茶文、茶学、茶画、茶歌、茶戏等；茶与文思又相辅相陈，使饮茶从单纯的感官享受升华为精神享受，进而形成了雅士茶道。

饮茶，重点不在于止渴、消食、提神，而在乎导引人之精神步入超凡脱俗的境界，于闲情雅致的品茗中悟出点什么。茶人之意在乎山水之间，在乎风月之间，在乎诗文之间，在乎名利之间，希望有所发现，有所寄托，有所忘怀。

禅宗茶道

禅宗茶道生发于茶之德。佛教认为“茶有三德”，即坐禅时通夜不眠；满腹时帮助消化；茶可抑制性欲。释氏学说传入中国成为独具特色的禅宗，禅宗和尚、居士日常修持之法就是坐禅，要求静坐、敛心，达到身心“轻安”，观照“明净”，要头正背直，“不动不摇，不委不倚”，通常一坐就是三个月，老和尚都难以坚持，小和尚年轻瞌睡多，更难熬，而饮茶正好可以帮忙提神，驱除睡魔；饭罢就坐禅，易患消化不良，饮茶正可生津化食，帮助消食；佛门虽清净之地，但要做到不染红尘亦不可能，老和尚见到拜佛的姣姣女子难免神不守舍，更不用说年轻和尚了，他们正值青春盛期，难免想入非非，而饮茶恰能转移注意力，抑制性欲，自然成为佛门首选饮料。

和尚饮茶的历史由来已久。《晋书•艺术传》记载：“敦煌人单道开，不畏寒暑，常服小石子，所服药有松、桂、蜜之气，所饮茶苏而已。”这是我国历史上较早的僧人饮茶的正式记载。单道开是东晋时代人，在螂城昭德寺坐禅修行，常服用有松、桂、蜜之气味的药丸，饮一种将茶、姜、桂、桔、枣等合煮的名曰“茶苏”的饮料。

明代乐纯著《雪庵清史》中列居士“清课”有“焚香、煮茗、习静、寻僧、奉佛、参禅、说法、作佛事、翻经、忏悔、放生……”其中，“煮茗”居第二，竟列于“奉佛”、“参禅”之前，这也足以证明“茶佛一味”说法的正确性。

僧人除了饮茶，还种植名茶。茶产于山谷，而僧占名山，名山有名寺，名寺出名茶。因此，古代多数名茶都与佛门有关。如唐代陆羽《茶经》中说："杭州钱塘天竺、灵隐二寺产茶。"

宜兴阳羡茶在汉朝就有种植，唐肃宗年间一位和尚将此茶送给常州刺史（宜兴古属常州）李栖筠。茶会品饮恰有陆羽出席，陆羽称"阳羡紫笋茶"是"芳香冠世产"，李刺史心有灵犀一点通，便建茶会督制阳羡茶进贡朝廷，自此阳羡茶点了"状元"，身价百倍。很显然，阳羡茶的最早培植者也是僧人。

明代冯时可一《茶录》记载："徽郡向无茶，近出松萝莱最为时尚。是茶始于一比丘大方，大方居虎丘最久，得采制法。其后于松萝结庵，来造山茶于庵焙制，远迹争市，价倏翔涌，人因称松萝茶。"可见，松萝茶也出于佛门。

武夷岩茶与龙井齐名，属乌龙茶系，有"一香二清三甘四活"之美评。其中又以"大红袍"为最佳。传说崇安县令久病不愈，和尚献武夷山茶，这位县官饮此茶后竟百病全消。为感激此茶济世活人之德，县官亲攀茶崖，把一件大红艳袍披于茶树之上，此茶遂得名"大红袍"。且不论此说是否合情

理，武夷茶与佛门有缘确是真实的。

此外，普陀佛茶产于佛教四大名山之一的浙江舟山群岛的普陀山，山上僧侣种茶用于献佛、待客，并直接以“佛”名其茶。黄山毛峰是毛峰茶中极品，《黄山志》载：“云雾茶，山僧就石隙微土间养之，微香冷韵．远胜匡庐。”云雾茶就是今之黄山毛峰。安溪铁观音“重如铁，美如观音”，其名就取自佛经。与佛门僧侣有关的名茶还有很多，这里就不一一列举了。

见于文字记载的产茶寺庙有扬州禅智寺、蒙山智炬寺、苏州虎丘寺、丹阳观音寺、扬州大名寺和白塔寺、杭州灵隐寺、福州鼓山寺、泉州清源寺，衡山南岳寺、西山白云寺、建安能仁院、南京栖霞寺、长兴顾清吉祥寺、绍兴白云寺、丹徒招隐寺、江西宜慧县普利寺、岳阳白鹤寺、黄山松谷庵、吊桥庵和云谷寺、东山洞庭寺、杭州龙井寺、徽州松萝庵、武夷天心观等等。毫不夸张地说，僧人种茶、制茶、饮茶并研制名茶，为中国茶叶生产的发展、茶学的发展、茶道的形成立下了不世之功劳。而且不仅产于中国的茶有很多都与僧侣有关，就连日本的茶也是由佛门僧人由中国带回茶种在日本种植、繁衍而成的，因此日本茶道实际上也应归为禅

宗茶道。

世俗茶道

茶是雅物，亦是俗物。进入世俗社会，行于官场，染几分官气；行于江湖，染几分江湖气；行于商场，染几分铜臭气；行于清汤，杂几分脂粉气；行于社区，染几分市侩气；行于家庭，染几分小家子气。熏得几分人间烟火，焉能不带烟火气。这便是生发于“茶之味”以“享乐人生”为宗旨的“世俗茶道”。

（1）当茶进入官场，与政治结缘，便演出了一幕幕雄壮的、悲壮的、伟大的、渺小的、光明的、卑劣的历史话剧。

唐代，朝廷将茶沿丝绸之路输往海外诸国，以借此打开外交局面。可以说都城长安能成为世界大都会、政治经济文化的中心，茶亦有一份不小的功劳。

唐代，文成公主和亲西藏，带去了香茶，此后，藏民饮茶成为时尚，此事在西藏被传为历史美谈。

唐代，文宗李昂太和九年（835年），为抗议榷茶制度，江南茶农打死了榷茶使王涯，这就是茶农斗争史上著名的“甘露事变”。

明代，朝廷将茶输边易马，作为杀手锏，欲借此“以制番人之死命”，茶成了明代一个重要的政治筹码。

清代，左宗棠收复新疆，趁机输入湖茶，并将其作为一项固边的经济措施。

在清代，官场饮茶还有特殊的程序和含义，有别于贵族茶道、雅士茶道、禅宗茶道。在隆重场合，如拜谒上司或长者，仆人献上的盖碗茶是不能取饮的，主客同然。若贸然取饮，便视为无礼。主人若端茶，即下了“逐客令”，客人得马上告辞，这叫“端茶送客”。主人令仆人“换茶”，表示留客，叫“留茶”。

（2）茶作为一种特色礼品，人情往来靠它，挖门子搭桥铺路也靠它。机构重叠，人浮于世，为官为僚的，“一杯茶，一包烟，一张‘参考’看半天”。茶通用于不同场合，成事也坏事，温情又势利。茶虽洁物亦难免落入染缸，常扮演尴尬角色，借茶行“邪道”，罪不在茶。

（3）茶入商场，又是别样面目。在广州，“请吃早茶！”是商业谈判的同义语。一盅两件，双方边饮边谈，隔着两缕袅袅升腾的水气打开了“商战”。看货叫板，讨价还价，暗中算计，价格厮杀，终于拍板成交，将茶一饮而尽，双方大快朵颐。没了茶，这场商战便无色彩，无诗意。只要吃得一杯早茶，纵商战败北，口齿仍有留香。

（4）茶入江湖，便添

几分江湖气。江湖各帮各派有了是是非非，不诉诸公堂，不急着“摆场子”打个高低，而是多少讲点江湖义气，请双方都信得过的人物出面调停仲裁，地点多在茶馆，名为“吃讲茶”。这倒符合茶道“致清导和”的宗旨。

（5）茶道进入社区后，逐渐趋向大众化、平民化，茶馆也成为各色人等的聚集之地，茶馆中发生的各种事情也在一定程度上映射了当时的社会生活。

据《清稗类钞》记载：“京师茶馆，列长案，茶叶与水之资，须分计之。有提壶以往者，可自备茶叶，出钱买水而已”。平日，茶馆里：“汉人少涉足，八旗人士虽官至三四品，亦厕身其间，并提鸟笼，曳长裙、就广坐，作茗憩，与圉人走卒杂坐谈话，不以为忤也。然亦绝无权要中人之踪迹”。

民国年间，北京的茶馆融饮食、娱乐为一体，卖茶水兼供茶点，有评书茶馆，说的多是《包公案》、《雍正剑侠图》、《三侠剑》等，顾客既过茶瘾又过书瘾；有京剧茶社，唱戏者有专业演员也有下海票友，顾客既过茶瘾又过戏瘾；有茶艺社，顾客看杂耍，听相声、单弦，品品茶，乐一乐，笑一笑，轻松愉快。

很多文人笔下的茶馆都并不雅，甚至可以说是俗，却颇有人间烟火气，比如在老残先生的“明湖居茶馆”，可领赏到鼓书艺人王小玉的演出；在鲁迅先生的“华老栓茶馆”，可听到杀革命党的传闻，并目睹华小栓吃人血馒头的场景；在沙汀先生的“其香居茶馆”，可见到已成历史垃圾的袍哥、保甲长、乡绅之流；在老舍先生的“茶馆”里，更是可以见到1889年清末社会的各色人等，什么闻鼻烟的、玩鸟的、斗蛐蛐的、保镖的、吃洋教的、特务、打手……总之，一个小茶馆就是人间社会的缩影。

（6）茶叶进入家庭，便有家居茶事。清代查为仁的《莲坡诗话》中有一首诗：

书画琴棋诗酒花，当年件件不离它。

而今七事都更变，柴米油盐酱醋茶。

诗中描述的七件事从书画琴棋诗酒花变成柴米油盐酱醋茶，可见茶在普通家庭日常生活中的重要地位。进入家庭之后，茶已是俗物，为日行之必需。客来煎茶，联络感情；家人共饮，同享天伦。茶道进入家庭贵在随意随心，茶不必精，量家之有；水不必贵，以法为上；器不必妙，宜茶为佳。富贵之家，茶事务求精妙，可夸示富贵、夸示高雅，不足为怪；小康之家不敢攀比，法乎其中；平民家庭纵粗茶陶缶，只要烹饮得法，亦可得

茶趣。

进入20世纪80年代以后，随着社会生活节奏的加快，市面上出现了各种各样的速溶茶、袋泡茶，为喜欢饮茶的人提供了方便。但城市里最便民的还是小茶馆，饮大碗茶，花钱少，省事，是最经济实惠的饮料。虽然小茶馆和卖大碗茶的增多使饮茶的富贵风雅已渐渐失色，但世俗茶道（主要指大众化茶道）还是受到了中国老百姓的欢迎。如今茶道仍在，但却早已不是明清时代的模样了。

第四章

茶艺

茶艺，指的是包括茶叶品评技法和艺术操作手段的鉴赏以及品茗美好环境的领略等整个品茶过程的美好意境。其过程体现了形式和精神的相互统一，是饮茶活动过程中所形成的一种文化现象。它起源久远，历史悠久，文化底蕴深厚，与宗教有着很大的联系。在茶艺表演过程中，要根据不同的茶种，选择不同的饮茶环境，采用不同的冲泡步骤。而且茶艺表演的每一个步骤都有讲究，泡茶者都要为客人一一讲解。茶艺是一门艺术，想真正学好茶艺，需要的是耐心和细心。本章就为大家介绍茶艺的相关知识。

茶艺概述

茶艺，始于唐，发于宋，改于明，盛于清，可以说拥有相当悠久的历史，发展至今已自成系统。

中国是茶的故乡，中国人是最早发明饮茶的民族。如今，茶已成为我国各族人民日常生活的一部分，正所谓“开门七件事，柴米油盐酱醋茶”。日常生活中，人们首先是把茶当成饮料来饮用的，借助茶的自然功能来清神益智、助消化等。另外，人们在饮茶过程中也讲求享受，对水、茶、器具和环境都有较高的要求。他们发现饮茶有助于精神道德的培养和修炼，在各种茶事活动中还可以协调人际关系，沟通情感，达到以茶雅志，以茶会友的目的。

在中国古代，文人通过饮茶激发文思，道家通过饮茶修身养性，佛家则通过饮茶解睡助禅等。物质与精神相结合，使人们在精神层次

上感受到了一种美的熏陶。通过品茶，可使心灵与自然山水结为一体，达到天人合一的至高境界；通过品茶，还可忘却人间烦心之事，求得明心见性回归自然的特殊情趣。

茶艺的内容

茶艺主要包括以下几方面内容：

（1）茶叶的基本知识

在学习茶艺的时候，首先要了解和掌握的是茶叶的分类，主要名茶的品质特点、制作工艺，以及茶叶的鉴别、贮藏、选购等内容。这些是学习茶艺的基础，如果连最基础的茶叶知识都不懂的话，就好比盖房子没有地基一样，是不可能成功的。

（2）茶艺的技术

茶艺的技术指的是茶艺的技巧和工艺。其中包括茶艺术表演的程序、动作要领、讲解的内容，茶叶色、香、味、形的欣赏，茶具的欣赏与收藏等内容。这是茶艺的核心部分，需要在学习茶艺过程中重点练习。

（3）茶艺的礼仪

茶艺的礼仪指的是服务过程中的礼貌和礼节。其中包括服务过程中的仪容仪表、迎来送往、互相交流以及彼此沟通的要求与技巧等内容。

（4）茶艺的规范

茶艺要真正体现出茶

人之间平等互敬的精神，因此对宾客都有规范的要求。做为客人，应该以茶人的精神与品质去要求自己，全身心投入到品茶活动中；而作为服务者，也应遵循待客之道，为客人提供优质的服务，使客人在舒适的环境中充分放松，品味茶道。

（5）悟道

道属于精神的内容，是一种修行，是一种生活的道路和方向，是人生的哲学。悟道是茶艺的最高境界，即通过泡茶与品茶去感悟生活，感悟人生，探寻到人生最重要的意义。

茶艺的理解

茶艺起源于中国，与中国文化的各个层面都有着密不可分的关系。正所谓“高山云雾出好茶，清泉活水泡好茶”。茶艺并非空洞的玄学，而是生活内涵改善的实质性体现。自古以来，插花、挂画、点茶、焚香并称四艺，尤为文人雅士所喜爱。茶艺是高雅的休闲活动，可以使人精神放松，拉近人与人之间的距离，化解误会和冲突，建立和谐的人际关系等。要更准确地理解茶艺，我们应该从以下几方面考虑：

（1）简单来说，茶艺就是“茶”和“艺”的有机结合。茶艺就是指茶人把人们日常饮茶的习惯，根据茶道规则，通过艺术加工，向

饮茶人和宾客展现茶的冲、泡、饮的技巧。它把日常的饮茶引向艺术化，提升了品饮的境界，赋予了茶更强的灵性和美感，增强了茶的艺术感染力。

（2）茶艺是一种生活艺术。它多姿多彩，充满生活情趣，在丰富人们的日常生活，提升生活品位方面是一种积极有效的方式。

（3）茶艺是一种舞台艺术。要想充分展现茶艺的魅力，就需要借助于人物、道具、舞台、灯光、音响、字画、花草等的密切配合及合理编排，为饮茶人提供高尚、美好的艺术享受。

（4）茶艺是一种人生艺术。人生如茶，在紧张繁忙之中，泡一壶好茶，细细品味，通过品茶来感悟苦辣酸甜的人生，使心灵得到净化和升华。

（5）茶艺是一种文化。在融合了中华民族优秀文化的基础上，茶艺也广泛吸收和借鉴了很多其他的艺术形式，触角扩展到文学、艺术等领域，形成了具有浓厚的民族特色的中华茶文化。

茶艺的背景

茶艺的背景广义上是指整个茶文化背景，狭义上是指品茶场所的布景和衬托主体事物的景物。茶艺背景是衬托主题思想的重要手段，它能渲染茶性清纯、幽雅、质朴的气质，增强艺术感染

◆普洱茶艺表演

力。

对于茶艺表演来说，不同类型的茶艺要求有不同风格的背景。通过背景衬托，可以增强主题和表现形式的感染力，再现生活品茶艺术的魅力。因此，在茶文化的挖掘研究中，有必要对“何种形式的环境适合何种茶艺表演”进行深入的探讨。背景中景物的形状，色彩的基调，书法、绘画和音乐的形式及内容，都是茶艺背景风格形成的影响因素。

此外，品茶还讲究环境的协调，比如文人雅士讲求清幽静雅，达官贵族则追求豪华高贵等。古代人们品茶时对环境的要求十分严格：或是江畔松石之下，或是清幽茶寮之中；或是宫廷文事茶宴，或是市中茶坊、路旁茶肆等。在不同的品茶环境中，会产生不同的意境和效果。因此，庄严华贵的宫廷茶，修身养性的禅师茶，淡雅风采的文士茶，对品茗环境的要求都不一样。

七种茶艺简介

绿茶茶艺

1. 泡茶用具

玻璃茶杯、香1支、白瓷茶壶1把、香炉1个、脱胎漆器茶盘1个、开水壶2个、锡茶叶罐1个、茶巾1条、茶道器1套、绿茶每人2～3克。

2. 基本程序

（1）点香：焚香除妄念

俗话说："泡茶可修身养性，品茶如品味人生。"古今品茶都讲究平心静气。"焚香除妄念"就是通过点燃这支香，来营造一个祥和肃穆的气氛。

（2）洗杯：冰心去尘凡

茶，致清致洁，是天涵地育的灵物，泡茶要求所用的器皿也必须至清至洁。"冰心去凡尘"就是用开水把本来就干净的玻璃杯再烫一遍，做到茶杯冰清玉洁，一尘不染。

（3）凉汤：玉壶养太和

绿茶属于芽茶类，因为茶叶细嫩，若用滚烫的开水

◆绿茶茶艺表演

直接冲泡，茶芽中的维生素会被破坏，从而造成熟汤失味。因此，只宜用80度的开水。“玉壶养太和”就是把开水壶中的水预先倒入瓷壶中养一会儿，待水温降至80度左右再泡。

（4）投茶：清宫迎佳人

苏东坡有诗云：“戏作小诗君勿笑，从来佳茗似佳人”。“清宫迎佳人”就是用茶匙取茶叶适量，并投放到冰清玉洁的玻璃杯中。

（5）润茶：甘露润莲心

好的绿茶外观如莲心，因此乾隆皇帝把茶叶称为“润心莲”。“甘露润莲心”就是在开泡前先向杯中注入少许热水，起到润茶的作用。

（6）冲水：凤凰三点头

冲泡绿茶时讲究高冲水，在冲水时水壶有节奏地三起三落，就好比是凤凰三点头，向客人致意。

（7）泡茶：碧玉沉清江

冲入热水后，茶先是浮在水面上，而后慢慢沉入杯底，因此称之为“碧玉沉清江”。

（8）奉茶：观音捧玉瓶

在佛教故事中，传说观音菩萨一直捧着一个白玉净瓶，净瓶中的甘露可消灾祛病，救苦救难。在茶艺表演中，茶艺小姐把泡好的茶敬奉给客人，人们称之为“观音捧玉瓶”，意在祝福好人一生平安。

（9）赏茶：春波展旗枪

这道程序是绿茶茶艺的一道特色程序。杯中的热水如春波荡漾，在热水的浸泡下，茶芽慢慢地舒展开来，尖尖的叶芽如枪，展开的叶片如旗。一芽一叶的称为旗枪，一芽两叶的称为“雀舌”。在清碧澄净的茶水中，各种姿态的茶芽在玻璃杯中随波晃动，就好像是有生命的绿精灵在跳舞，十分生动有趣。

（10）闻茶：慧心悟茶香

品绿茶要一看、二闻、三品味，在欣赏“春波展旗枪”之后，要闻一闻茶香。绿茶与花茶、乌龙茶不同，它的茶香更加清幽淡雅，必须用心灵去感悟，才能够闻到其中所蕴含的春天般的气息，以及清醇悠远、难以言传的生命之香。

（11）品茶：淡中品致味

绿茶的茶汤清纯甘鲜，淡而有味，虽然不像红茶那样浓艳醇厚，也不像乌龙茶那样岩韵醉人。但是只要用心去品，就一定能从淡淡的绿茶香中品出天地间至清、至醇、至真、至美的韵味来。

（12）谢茶：自斟乐无穷

品茶有三乐，一曰：独品得神。一个人面对青山绿水或高雅的茶室，通过品茗，心驰宏宇，神交自然，物我两忘，此一乐也。二曰：对品得趣。两个知心朋友相对品茗，或无须多言即心有灵犀一点通，或推心置腹述衷肠，此亦一乐也。三曰：众品得慧。孔子曰：“三人行有我师”。众人相聚品茶，互相沟通，相互启迪，可以学到许多书本上学不到的知识，亦一乐也。在品了头道茶后，请嘉宾自己泡茶，使其通过实践，在茶事活动中感受修身养性、品味人生的无穷乐趣。

普洱茶茶艺

1.用具

碳炉1个、陶制烧水壶1把、根雕茶桌1张、兔毫盏若干个、茶洗1个、有把手的泡壶1把、香炉1个、香1支、木鱼1个、磬1个、铁观音茶10～15克、茶道器1套、佛乐磁带1盒。

2.基本程序

禅茶属于宗教茶艺，自古就有“茶禅一味”之说。禅茶中有禅机，禅茶的每道程序都源自佛典、启迪佛性，昭示佛理。

（1）礼佛：焚香合掌

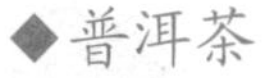
◆普洱茶

同时播放《赞佛曲》、《心经》、《戒定真香》、《三皈依》等梵乐或梵唱，让幽雅庄严、平和的佛乐声将心牵引到虚无缥缈的境界，使烦躁不宁的心平静下来。

（2）调息：达摩面壁

达摩面壁讲的是禅宗初祖菩提达摩在嵩山少林寺面壁坐禅的故事。面壁时可让助手伴随着佛乐，有节奏地敲打木鱼和磬，进一步营造祥和肃穆的气氛。而主泡者则应指导客人随着佛乐静坐调息，静坐的姿势以佛门七支坐为最好。所谓七支坐法，就是指在静坐时肢体应注意以下七个要点：

其一，采用双盘足姿势，如果不能双盘亦可用单盘。左足放在右足上面叫做如意坐，右足放在左足上面叫做金刚坐。开始习坐时，如果有人连单盘也做不了，也可以把双腿交叉架住。

其二，脊梁直竖，使背脊的每一个骨节都如算盘珠子一样叠竖在一起，使完全肌肉放松。

其三，左右两手环结在丹田下面，平放在胯骨部分。两手手心向上，把右手背平放在左手心上面，两个大拇指轻轻相抵，叫“结手印”，也叫“三昧印”或“定印”。

其四，左右双肩稍微张开，使其平整适度，不可沉肩弯背。

其五，头正，后脑稍微向后收放，前腭内收而不低头。

其六，双目似闭还开，视若无睹，目光可定在座前七、八公尺处。

其七，舌头轻微舔抵上腭，面部微带笑容，全身神经与肌肉都自然放松。

在佛乐中，保持这种静坐的姿势约10～15分钟。此外，静坐时应配有坐垫，坐垫厚约2～3寸。如果配有椅子，亦可正襟危坐。

（3）煮水：丹霞烧佛

在调息静坐的过程中，一名助手开始生火烧水，称之为丹霞烧佛。

丹霞烧佛，典出自于《祖堂集》卷四，据记载丹霞天然禅师在惠林寺遇到天寒，就把佛像劈了烧火取暖。寺中主人讥讽他，禅师说："我焚佛尸寻求舍利子（即佛骨）。"主人说："这是木头的，哪有什么舍利子？"禅师说："既然是这样，我烧的是木头，为什么还要责怪我呢？"于是寺主无言以对。

在"丹霞烧佛"时要注意观察火相，从燃烧的火焰中去感悟人生的短促以及生命的辉煌。

（4）候汤：法海听潮

佛教认为"一粒粟中藏世界，半升铛内煮山川。"意思就是从小中可以见大，在煮水候汤听水的初沸、鼎沸声中，我们会得到"法海潮音，随机普应”的感悟。

（5）洗杯：法轮常转

法轮常转，典出于《五灯会元》卷二十。径山宝印禅师云：“世尊初成正觉于鹿野苑中，转四谛法轮，陈如比丘最初悟道。”法轮喻指佛法，佛法就存在于日常平凡的生活琐事之中。洗杯时眼前转的是杯子，心中动的是佛法。洗杯的目的是使茶杯洁净无尘，礼佛修身的目的是使心中洁净无尘。在转动杯子的手法洗杯时，或许也可以因看到杯转而心动悟道。

（6）烫壶：香汤浴佛

佛教最大的节日有两个：一是四月初八的佛诞日，二是七月十五的自恣日，这两天都叫“佛欢喜日”。佛诞日要举行“浴佛法会”，僧侣及信徒们要用香汤沐浴太子象（即释迦牟尼佛像）。用开水烫洗茶壶称之为“香汤浴佛”，表示佛无处不在，亦表明“即心即佛”。

（7）赏茶：佛祖拈花

佛祖拈花，典出于《五灯会元》卷一。据载：“世尊在灵山会上，拈花示众，是时众皆默然，唯迦叶尊者破颜微笑。”世尊曰：“吾有正法眼藏，涅盘妙心，实相无相，微妙法门，不立文字，教外别传，付嘱摩柯迦叶”。泡茶者可借助“佛祖拈花”这道程序向客人展示茶叶。

◆陈皮普洱茶

（8）投茶：菩萨入狱

地藏王是佛教四大菩萨之一。据佛典记载，为了普渡众生，救度鬼魂，地藏王菩萨表示："我不下地狱，谁下地狱？""地狱中只要有一个鬼，我永不成佛。"投茶入壶，如菩萨入狱，赴汤蹈火，泡出的茶水可振万民精神，如菩萨救度众生，在这里茶性与佛理是相通的。

（9）冲水：漫天法雨

佛法无边，润泽众生，泡茶冲水如漫天法雨普降，使人如"醍醐灌顶"，由迷达悟。壶中升起的热气如慈云氤氲，使人如沐浴春风，心萌善念。

（10）洗茶：万流归宗

五台山著名的金阁寺有一副对联：

一尘不染清静地，万善同归般若门。

茶本洁净，但仍要洗，因为茶所追求的是一尘不染。佛教传到中国后，一花开五叶，千佛万神各门各派追求的都是大悟大彻，“万流归宗”，归的都是般若之门。般若是梵语音译词，即无量智能，具此智能便可成佛。

（11）泡茶：涵盖乾坤

涵盖乾坤，典出于《五灯会元》卷十八。惠泉禅师曰：“昔日云门有三句，谓涵盖乾坤句，截断众流句，随波逐流句“。这三句是云门宗的三要义，涵盖乾坤意谓真如佛性处处存在，包容一切，万事万物无不是真如妙体，在小小的茶壶中也蕴藏着博大精深的佛理和禅机。

（12）分茶：偃溪水声

偃溪水声，典出于《景德传灯录》卷十八。据说有人问师备禅师：“学人初入禅林，请大师指点门径。”师备禅师说：“你听到偃溪水声了吗？”来人答：“听到了。”师备便告诉他：“这就是你悟道的入门途径。”即禅茶茶艺讲究的“壶中尽是三千功德水，

分茶细听偃溪水声。”斟茶之声如偃溪水声一般，可启人心智，警醒心性，助人悟道。

（13）敬茶：普渡众生

禅宗六祖慧能有偈云：“佛法在世间，不离世间觉，离世求菩提，恰似觅兔角。”菩萨是梵语的略称，全称应为菩提萨陲。菩提是觉悟，萨陲是有情。所以菩萨是上求大悟大觉——成佛；下求有情——普渡众生。敬茶意在以茶为媒体，使客人从茶的苦涩中品出人生百味，达到大彻大悟，得到大智大慧，故称之为“普渡众生”。

（14）闻香：五气朝元

“三花聚顶，五气朝元”是佛教修身养性的最高境界，五气朝元即做深呼吸，尽量多吸入茶的香气，并使茶香直达颅门，反复数次，这样有益于健康。

（15）观色：曹溪观水

曹溪是地名，在广东曲江县双峰山下。唐仪凤二年（公元676年），六祖慧能住持曹溪宝林寺，从此曹溪便被历代禅者视为禅宗祖庭。曹溪水喻指禅法。《密庵语录》载：“凭听一滴曹溪水，散作皇都内苑春。“观赏茶汤色泽称之为“曹溪观水”，暗喻要从深层次去看是色是空；同时也提示：“曹溪一滴，源深流长”（《塔铭•九卷》）。

（16）品茶：随波逐浪

随波逐浪，典出于《五灯会元》卷十五，是“云门三句”中的第三句。云门宗接引学人的一个原则，即随缘接物，自由自在地体悟茶中百味，对苦涩不厌憎，对甘爽不偏爱，这样品茶才能心性闲适，旷达洒脱，才能从茶水中平悟出禅机佛礼。

（17）回味：圆通妙觉

圆通妙觉，即大悟大彻，圆满之灵觉。品了茶后，再细细回味前边的十六道程序，便会：“有感即通，千杯茶映千杯月；圆通妙觉，万里云托万里天。”佛法佛理就存在于日常最平凡的生活琐事之中，佛性真如也就在我们每个人的心底。

（18）谢茶：再吃茶去

饮完了茶要谢茶，谢茶的目的是为了相约再品茶。正所谓“茶禅一味”，茶要常饮，禅要常参，性要常养，身要常修。正如原中国佛教协会会长赵朴先生曾说的那样：“七碗受至味，一壶得真趣，空持百千偈，不如吃茶去！”

日本茶茶艺

日本有一种专门的“茶室”，又称“本席”、“茶席”，是举行茶道的场所。这种茶室一般用竹木和芦草

◆日本茶室

编成，面积一般以置放四叠半“榻榻米”为度，约9～10平方米，造型小巧雅致，结构紧凑，便于宾主倾心交谈。茶室分为床间、客、点前、炉踏达等专门区域。室内设置壁龛、地炉和各式木窗，一侧布“水屋”，供备放煮水、沏茶、品茶的器具和清洁用具。床间挂名人字画，旁悬竹制花瓶，瓶中插花，插花品种视四季而有不同。

日本茶道源于中国，日本茶道的茶具也源于中国功夫茶具。其基本茶具与潮州功夫茶具一样也分四大件：凉炉，煮水用的风炉；茶釜，煮水用的铁制的有盖大钵；汤瓶，泡茶用的带柄有嘴罐，称“急须”；茶碗，盛茶汤用的瓷碗。

另外，还有研磨茶叶的“茶磨”；夹白炭用的“火箸”；盛冷水的“水注”；盛白炭的“炭篮”；清洁茶具用的“水翻”；装香用的“香盒”；沏茶时用于搅拌的“茶筅”；取茶粉用的竹制“茶勺”；擦拭茶碗的“茶巾”；盛茶叶末的“茶罐”；用三根大鸟羽毛制成、用于拂尘的“羽帚”；盛炭的“炭斗”；盛炉灰的“灰器”；取水用的“水勺”等。

祁门红茶茶艺

1. 主要用具

瓷质茶壶、茶杯（以青

◆祁门红茶茶艺

花瓷、白瓷茶具为好），赏茶盘或茶荷，茶巾，茶匙、奉茶盘，热水壶及风炉（电炉或酒精炉皆可）。将茶具在表演台上摆放好后，即可进行祁门功夫红茶表演。

2. 基本程序

（1）宝光初现

祁门功夫红茶条索紧秀，锋苗好，色泽并非人们常说的红色，而是乌黑润泽，其色被称为“宝光”。国际通用的红茶名称为“Blacktea”，即因红茶干茶的乌黑色泽而来。

（2）清泉初沸

热水壶中用来冲泡的泉水经加热，微沸，壶中上浮的水泡，仿佛“蟹眼”已生。

（3）温热壶盏

用初沸之水，注入瓷壶及杯中，为壶、杯升温。

（4）王子入宫

用茶匙将茶荷或赏茶盘中的红茶轻轻拨入壶中，人称“王子入宫”。因此祁门功夫红茶也被誉为“王子茶”。

（5）悬壶高冲

这一步是冲泡红茶的关键。冲泡红茶的水温要在100度，刚才初沸的水，此时已是“蟹眼已过鱼眼生”，正好用于冲泡。而高冲可以让茶叶在水的激荡下，充分浸润，以利于色、香、味的充分发挥。

◆祁门红茶

（6）分杯敬客

用循环斟茶法将壶中的茶均匀地分入每一杯中，尽量做到杯中之茶的色、味一致。

（7）喜闻幽香

一杯茶到手，先要闻香。祁门功夫红茶是世界公认的三大高香茶之一，其香浓郁甜润，其中还蕴藏着一股兰花之香，又有“茶中英豪”、“群芳最”之誉。

（8）观赏汤色

红茶的红色，表现在冲泡好的茶汤中。祁门功夫红茶的汤色红艳，杯沿有一道明显的“金圈”。茶汤的明亮度和颜色，反映的是红茶的发酵程度和茶汤的鲜爽度。

（9）品味鲜爽

闻香观色后即可缓啜品饮。祁门功夫红茶以鲜爽、浓醇为主，与红碎茶浓强的刺激性口感有所不同。

（10）再赏余韵

一泡之后，可再冲泡第二泡茶。

（11）三品得趣

红茶通常可冲泡三次，三次的口感各不相同，需细饮慢品，徐徐体味茶之真味，方得茶之真趣。

（12）收杯谢客

红茶性情温和，收敛性差，易于交融，因此通常用于调饮，祁门功夫红茶也如此。如是清饮则很难领略到祁门功夫红茶特殊的“祁门香”香气，难以领略其独特

的内质、隽永的回味、明艳的汤色。收杯时感谢来宾的光临，相互祝福，道别。

茉莉花茶茶艺

1.泡茶用具

三才杯（即小盖碗）若干只、白瓷壶1把、木制托盘1把、开水壶2把（或随手泡1套）、赏茶荷1个、茶道具1套、茶巾1条、茉莉花茶每人2～3克。

◆茉莉花茶

2.基本程序

花茶是诗一般的茶，它融茶之韵与花香于一体，通过“引花香，曾茶味”，使花香茶味珠联璧合，相得益彰。所以在冲泡和品饮花茶时也要求有诗一样的程序。

(1)烫杯：春江水暖鸭先知

“竹外桃花三两枝，春江水暖鸭先知”是苏东坡的一句名诗，苏东坡不仅是一个多才多艺的大文豪，而且是一个至情至性的茶人。他的这句诗非常适合用于描述烫杯，如果仔细观察就会发现，在茶盘中经过开水烫杯

◆茉莉花茶

之后，冒着热气的、洁白如玉的茶杯很像一只只在春江中游泳的小鸭子。

（2）赏茶：香花绿叶相扶持

赏茶也称为“目品”。“目品”是花茶三品（目品、鼻品、口品）中的头一品，目的在于观察鉴赏花茶茶坯的质量，主要包括观察茶坯的品种、工艺、细嫩程度及保管质量。

例如特级茉莉花茶，这种花茶的茶坯多为优质绿茶，茶坯色绿质嫩。在茶中还混有少量的茉莉干花，干花的色泽应白净明亮，称之为“锦上添花”。在用肉眼观察了茶坯之后，还要干闻花茶的香气。好的花茶是“香花绿叶相扶持”，极富诗意，令人心醉。

（3）投茶：落英缤纷玉怀里

“落英缤纷”是晋代文学家陶渊明先生在《桃花源记》一文中描述的美景。当用茶匙把花茶从茶荷中拨进洁白如玉的茶杯时，干花和茶叶飘然而下，恰似“落英缤纷玉怀里”。

（4）冲水：春潮带雨晚来急

冲泡花茶也讲究“高冲水”。冲泡特级茉莉花茶时，要用90度左右的开水。热水从壶中直泻而下注入杯中，杯中的花茶随水浪上下翻滚，恰似“春潮带雨晚来急”。

（5）闷茶：三才化育甘

◆古代饮茶图

露美

人们认为茶是“天涵之，地载之，人育之”的灵物。所以冲泡花茶时一般要用“三才杯”，茶杯的盖代表“天”，杯托代表“地”，茶杯代表“人”。

(6) 敬茶：一盏香茗奉知己

敬茶时应双手捧杯，举杯齐眉，注目嘉宾并行点头礼，然后从右到左，依次一杯一杯地把沏好的茶敬奉给客人，最后一杯留给自己。

(7) 闻香：杯里清香浮情趣

闻香也称“鼻品”，这是三品花茶中的第二品。品花茶讲究“未尝甘露味，先闻圣妙香”。

闻香时三才杯的“天、地、人”不可分离，应用左手端起杯托，右手轻轻地将杯盖揭开一条缝，从缝隙中去闻香。闻香时应注意三点：一闻香气的鲜灵度，二闻香气的浓郁度，三闻香气的纯度。闻优质花茶的茶香是一种精神享受，细心去闻则一定会感悟到在“天、地、人”之间，有一股新鲜、浓郁、纯正、清和的花香伴随

◆台式乌龙茶

着清悠高雅的茶香，沁人心脾，使人陶醉。

（8）品茶：舌端甘苦人心底

品茶又称“口品”，是三品花茶的最后一品。在品茶时依然是“天、地、人”三才杯不分离，用左手托杯，右手将杯盖的前沿下压，后沿翘起，然后从开缝中品茶。而且品茶时应小口喝入茶汤，不可一饮而尽。

（9）回味：茶味人生细品悟

人们认为一杯茶中有人生百味，无论茶是苦涩、甘鲜还是平和、醇厚，人们都会从中得到有良好的感悟和联想，所以品茶重在回味。

（10）谢茶：饮罢两腋清

风起

唐代诗人卢仝的诗中写出了品茶的绝妙感觉："一碗喉吻润；二碗破孤闷；三碗搜枯肠，惟有文字五千卷；四碗发轻汗，平生不平事，尽向毛孔散；五碗肌骨轻；六碗通仙灵；七碗吃不得，唯觉两腋习习清风生。"最后的"两腋习习清风生"很生动地写出了饮茶完毕时的舒爽感觉。

台式乌龙茶茶艺

1. 主要茶具

紫砂茶壶、茶盅、品茗杯、闻香杯、茶盘、杯托、电茶壶、置茶用具、茶巾等。

2. 主要茶品

冻顶乌龙、文山包种、阿里山茶。

3. 基本程序

（1）摆具

将茶具一一摆好，茶壶与茶盅并排置于茶盘之上，闻香杯与品茗杯一一对应，并列而立。电茶壶置于左手边。

（2）赏茶

用茶匙将茶叶轻轻拨入茶荷内，供来宾欣赏。

（3）温壶

温壶不仅要温茶壶，还要温茶盅。左手拿起电茶壶，注满茶壶，接着右手拿壶，注入茶盅。

（4）温杯

将茶盅内的热水分别注入闻香杯中，用茶夹夹住闻

◆紫砂茶具

香杯，旋转360度后，将闻香杯中的热水倒入品茗杯。同样再用茶夹夹住品茗杯，旋转360度后，杯中水倒入涤方或茶盘。

（5）投茶

将茶荷的圆口对准壶口，用茶匙轻拨茶叶入壶。投茶量为1/2壶至2/3壶。

（6）洗茶

左手执电茶壶，将100度的沸水高冲入壶。盖上壶盖，淋去浮沫，立即将茶汤注入茶盅，分于各闻香杯中。而且，洗茶之水也可以用于闻香。

（7）高冲

执电茶壶高冲沸水入壶，使茶叶在壶中尽量翻腾。第一泡时间为1分钟，1

◆玻璃茶具

分钟后，将茶汤注入茶盅，分到各闻香杯中。

（8）奉茶

闻香杯与品茗杯同置于杯托内，双手端起杯托，送至来宾面前，请客人品尝。

（9）闻香

先闻杯中茶汤之香，然后将茶汤置于品茗杯内，闻杯中的余香。

（10）品茗

闻香之后可以观色品茗。品茗时分三口进行，从舌尖到舌面再到舌根，不同位置的香味也各有细微的差异，需细细品，才能有所体会。

（11）再次冲泡

第二次冲泡的手法与第一次同，只是时间要比第一泡增加15秒，以此类推。每冲泡一次，冲泡的时间也要相应增加。优质乌龙茶内质好，如果冲泡手法得当，可以冲泡几十次，甚至每次的色香味都能基本相同。

（12）奉茶

自第二次冲泡起，奉茶可直接将茶分至每位客人面前的闻香杯中，然后重复闻香、观色、品茗、冲泡的过程。

台式茶艺侧重于对茶叶本身、与茶相关事物的关注，以及用茶氛围的营造。欣赏茶叶的色与香及外形，是茶艺中不可缺少的环节；冲泡过程的艺术化与技艺的高超，使泡茶成为一种美的享受。此外对茶具欣赏与应用，对饮茶与自悟修身、与人相处的思索，对品茗环境的设计都包容在了茶艺之中。将艺术与生活紧密相联，将品饮与人性修养相融合，便形成了亲切自然的品茗形式，这种形式也越来越为人们所接受。

中式乌龙茶茶艺

1. 备具候用：将所用的茶具准备就绪，按正确顺序摆放好。主要有紫砂水平壶、公道杯、品茗杯、闻香杯等。

2. 恭请上坐：请客人依次坐下。

3. 焚香静气：焚点檀香，营造肃穆祥和的气氛

4. 活煮甘泉：泡茶以山

水为上，用活火煮至初沸。

5. 孔雀开屏：介绍冲泡的茶具。

6. 叶嘉酬宾：叶嘉是茶叶的代称，这是请客人观赏茶叶，并向客人介绍此茶叶的外形、色泽、香气特点。

7. 孟臣沐淋：用沸水冲淋水平壶，提高壶温。

8. 高山流水：即温杯洁具，用紫砂壶里的水烫洗品茗杯，动作舒缓起伏，保持水流不断。

9. 乌龙入宫：把乌龙茶拨入紫砂壶内。

10. 百丈飞瀑：用高长而细的水流使茶叶翻滚，达到温润和清洗茶叶的目的。

11. 春风拂面：用壶盖轻轻刮去壶口的泡沫。

12. 玉液移壶：把紫砂壶中的初泡茶汤倒入公道杯中，提高温度。

13. 分盛甘露：再把公道杯中的茶汤均匀分到闻香杯中。

14. 凤凰三点头：采用三起三落的手法向紫砂壶注水至满。

15. 重洗仙颜：用开水浇淋壶体，洗净壶表，同时达到内外加温的目的。

16. 内外养身：将闻香杯中的茶汤淋在紫砂壶表，既可养壶又可保持壶表的温度。

17. 游山玩水：将紫砂壶在茶船边沿抹去壶底的水分，移至茶巾上吸干壶底。

18. 自有公道：把泡好的

◆中式乌龙茶茶艺

茶倒入公道杯中均匀。

19. 关公巡城：将公道杯中的茶汤快速巡回均匀地分到闻香杯中至七分满。

20. 韩信点兵：将最后的茶汤用点斟的方式均匀地分到各闻香杯中。

21. 若琛听泉：把品茗杯中的水倒入茶船。

22. 乾坤倒转：将品茗杯

倒扣到闻香杯上。

23.翻江倒海：将品茗杯及闻香杯倒置，使闻香杯中的茶汤倒入品茗杯中，放在茶托上。

24.敬奉香茗：双手拿起茶托，齐眉奉给客人，向客人行注目礼。然后重复“若琛听泉”至“敬奉香茗”程序，最后一杯留给自己。

25.空谷幽兰：示意用左手旋转拿出闻香杯热闻茶香，双手搓闻杯底香。

26.三龙护鼎：示意用拇

◆青花瓷茶具

白鹤沐浴(洗杯)

观音入宫(落茶)

关公巡城(倒茶)

韩信点兵(点茶)

序

指和食指扶杯，中指托杯底拿品茗杯。

27.鉴赏汤色：观赏茶汤的颜色及光泽。

28.初品奇茗：观汤色、闻汤香后，开始品茶味。

29.二探兰芷：即冲泡第二道茶。

30.再品甘露：细品茶汤滋味。

31. 三斟石乳：即冲泡第三道茶。

32. 领略茶韵：通过介绍体会乌龙茶的真韵。

33. 自斟漫饮：可让客人自己添茶续水，体会冲泡茶的乐趣。

34. 敬奉茶点：根据客人需要奉上茶点，增添茶趣。

35. 游龙戏水：即鉴赏叶底，把泡开的茶叶放入白瓷碗中，让客人观赏乌龙茶“绿叶红镶边”的品质特征。

36. 尽杯谢茶：宾主起立，共干杯中茶，相互祝福、道别。